为中国而设计

第八届全国
环境艺术设计大展
入选作品集

DESIGN FOR CHINA
THE DESIGN WORKS OF THE 8TH NATIONAL
ENVIRONMENTAL ART DESIGN EXHIBITION

中国美术家协会　编
徐　里　苏　丹　主编

中国美术家协会　主办
中国美术家协会环境设计艺术委员会、广州美术学院　承办

中国建筑工业出版社

序
Foreword

　　2018 年是中国改革开放 40 周年，伴随着 40 年来中国经济的飞速发展，中国设计也经历了从传统到现代，从吸收外来经验到自主发展的过程，从早期的实用美术、工艺美术发展扩大为今天的大美术、大设计范畴，设计艺术的分支越来越多，仅环境艺术设计专业就包括着环境规划、景观艺术、室内空间设计、展陈设计、家具设计等多个方向，且与建筑艺术有着密切的关系。专业方向的不断细化、从业人员的日益扩大、高等教育学科建设的日趋完善，这些都反映了中国设计蓬勃发展的态势。当然，繁荣景象的背后也存在着许多突出问题，许多城市环境规划千篇一律，抄袭模仿设计样式，照搬西方设计模式等现象，折射出我们的设计艺术还没有完全实现吸收借鉴中华文化思想精髓。

　　为了增强文化自信，提升文化自觉，中国美术家协会 2003 年成立环境艺术设计委员会，持续举办全国环境艺术大展暨学术论坛，并提出了"为中国而设计"的主张，努力践行这一理念，为促进中国环境艺术设计事业发展进步，不断树立中国气派，彰显民族精神做出了巨大努力。我们欣慰地看到，现今的中国设计越来越多地立足于中国现实，研究中国问题，从模仿西方到借鉴、吸收国外优秀经验，从传统文化中汲取营养，倡导民族的、科学的、大众的设计，古为今用、洋为中用的设计，"为中国而设计"依然是我们一直在坚守的文化底色。

　　今年，我们即将在有着"设计之都"美誉的广州举办"第八届全国环境艺术设计大展暨学术论坛"，这不仅是中国设计艺术的一次盛会，也是对"为中国而设计"这一主张十五年成果的印证和检验，更是对习近平新时代中国特色社会主义思想和党的十九大精神的贯彻践行。本届大展主题为"新时代 新设计"，将探讨环境艺术设计应如何倾听时代的声音，紧跟时代的步伐；同时应如何面对新时代、新任务与新发展的责任与挑战，勇于设计创新、技术创新、领域创新。

　　本届大展自启动以来，得到了全国各大、中专院校的学生、教师、企事业单位以及独立设计师等广大设计从业者的关注，共征集到投稿作品 867 件（包括专业组 306 件，学生组 561 件），投稿论文 173 篇。经过环境设计艺委会专家组成的评委会和监审委员会的公开、公平和公正的严格评选，共评出 241 件入选作品和 79 篇入选论文。这些作品和论文在此集结出版，将为本届大展留下珍贵的学术成果和优秀的时代经验。

　　新时代呼唤新设计，新设计需要文化自信，坚定文化自信就要坚持"为中国而设计"，期待本届大展暨论坛的成功举办，并启示我们不断思考如何在新时代让中国设计注入人文艺术的内涵和情怀，坚守中华文化立场，传承中华文化基因，展现中华审美风范，不断提升中国设计行业的国际影响力和竞争力。

　　最后，预祝"为中国而设计"第八届全国环境艺术设计大展暨学术论坛圆满成功！感谢中国美术家协会环境设计艺委会对本次展览的学术策划，对展览作品和研究论文的学术把关，感谢广州美术学院对本次展览活动的大力支持。

中国美术家协会分党组书记、驻会副主席、秘书长

2018 年 10 月

前言
Preface

两年一次的"为中国而设计"环境艺术设计大展方案遴选工作结束了，又一次集结成册出版发行。这种周而复始的工作究竟有怎样的价值？我们应该对之给予认真的思考。因为做一件事情必定有它的目标，持续做一件事情更有它的意义。"为中国而设计"只是一个口号，表达了一个心愿，或者陈述着一个事实。但这是远远不够的，我想无论展览也好图书也罢，重要的是展示"为中国怎样设计"。

环境艺术设计专业建立 30 年以来，经过无数人的探索与努力，已构建出一套相对完整的学科体系与研究方法。从本次大赛征集到的 820 余份作品中可以发现，职业组在设计的理性、科学性以及工程性方面比之以往都有了很大的进步；学生组则在设计理念上继续展现出年轻人活跃的思维能力，不断拓展着环境设计的边界，使之充满无限可能。从中，我们欣喜地看到中国环境艺术设计人才队伍的日渐壮大、专业手法的日趋成熟以及学科领域的日渐扩展。这些变化都是积极的，值得肯定。

但是，随着社会环境的变化与行业形态的发展，环境艺术设计体系与相关要素是需要不断地更新，使之符合历史发展的潮流，"为中国而设计"就是为中国环境艺术设计专业体系的持续完善与提升搭建的一个平台。借由这个平台，我们得以有机会检验前期理论与实践研究成果，发掘并展示好的思想概念与实践方法，树立优秀榜样，为学科与行业未来的发展提供正确的导向。

集册出书则是具有文献意义的一项工作，它除了用于展示优秀的设计作品与思想成果之外，更是从侧面记录当前历史阶段内中国社会已经发生和正在发生的事实。本次大赛提交的作品中，乡村建设与城市复兴项目占比约 60%，这与城市化进程中，中国社会正面临的两个最重要的问题是相匹配的。由之揭示了当前中国环境战略的发展意图，以及国家在完善环境建设问题上的阶段性目标，为记录当前中国社会的发展状态与政策导向具有重要意义。

未来中国环境艺术设计的发展，需要基于当代背景对"环境"本身进行不断地重新解读。这个当代背景囊括了今天我们所面对的、必须去思考的一切问题，包括自然的、社会的、人性的诸多要素。每一种要素又可能表现出无数具体的、各异的形式，它们皆应成为我们考量探讨的目标。当代社会问题的复杂性要求我们更加系统地看待当前人类所处的环境。因此，过去我们常常只强调一个核心、一个主题，现在我们则应更加提倡整体与均衡。

其次是关于"艺术"的问题。环境艺术设计中的"艺术"究竟是一种境界还是一种方法？是需要我们认真思考的问题。如果将由于设计的精妙自然而然所获得的愉悦感看作环境艺术设计中的"艺术"的话，这个艺术性就完全可以不用去强调，只需依附于设计行为即可。然而，既然我们将"艺术"嵌入环境艺术设计的概念组合中，它就应该是具备自身独立性的。因此，与其说环境艺术设计中的艺术可以在设计结果中得以确认，我更加认同作品艺术性的表达是隐藏于设计师的思维方式与价值观之中的。它可能是一种个体精神性的表达，也可能是对设计方法反逻辑性的实验诉求，抑或是对于设计或环境美学价值的探寻。它是内在的、丰富的，告诫我们环境艺术设计不止于设计，当有更深远的意义。

蒋丹

中国美术家协会环境设计艺术委员会主任、清华大学美术学院教授

2018 年 10 月

目 录
Contents

学生组

专业组

学生组

设计说明：

墙面和顶面都用强烈曲面线条作
为顶面，墙面表面造白色，和原木天然
家具配和米的现代夸约的空间，首先在
视觉上给人冲击感。波浪状的吊顶及
随机出现的灯壁在天豪上巧妙的自然和
米生呈示点的效果，为示现出的曲线增
加一份趣味。

Design Description:
Wall and top surface all use strong curved surface line
as top surface, wall surface to make white, and the
modern simple space formed by natural wood furniture,
first in the visual sense of impact. The wave shaped ceil-
ing and the random spotlight on the smallpox skillfully
naturally form the unexpected effect, which adds inter-
esting to irregular curves.

平面布置图
Plane layout

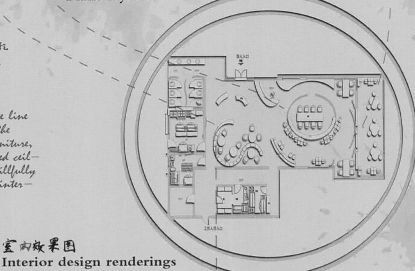

室内效果图
Interior design renderings

整个餐厅是夸约且及优美的曲线围合而米，运用现代
建筑的原理，打造出个人震撼的曲面空间，室平面圈功
能包含劳厅，服务区，双人就餐，多人就餐且及特殊的包
厢。
室设计动线包含客人流动线且及工作人员动线，独立
工作互不干扰。

The whole restaurant is surrounded by simple and beautiful curves,
and the modern curved surface space is constructed by using the
principles of modern architecture. Its floor plan function includes
front office, service area, double person dining, multi person dining
and special balcony.
The design flow contains guest flow line and staff movement, work
independently without mutual interference.

动线分析

餐饮空间设计
Dining space design

悦享餐厅

设计师：曹嘉辉

单　位：东北师范大学

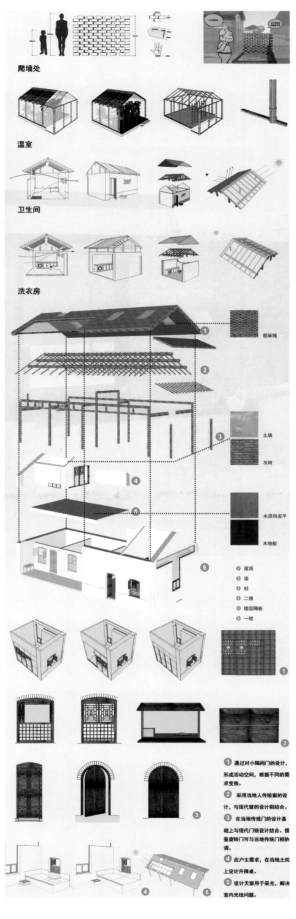

步履匆匆
——浅析老年人社会心理行为与住宅设计

设计师：曹雅楠、钟旭

单　位：天津商业大学

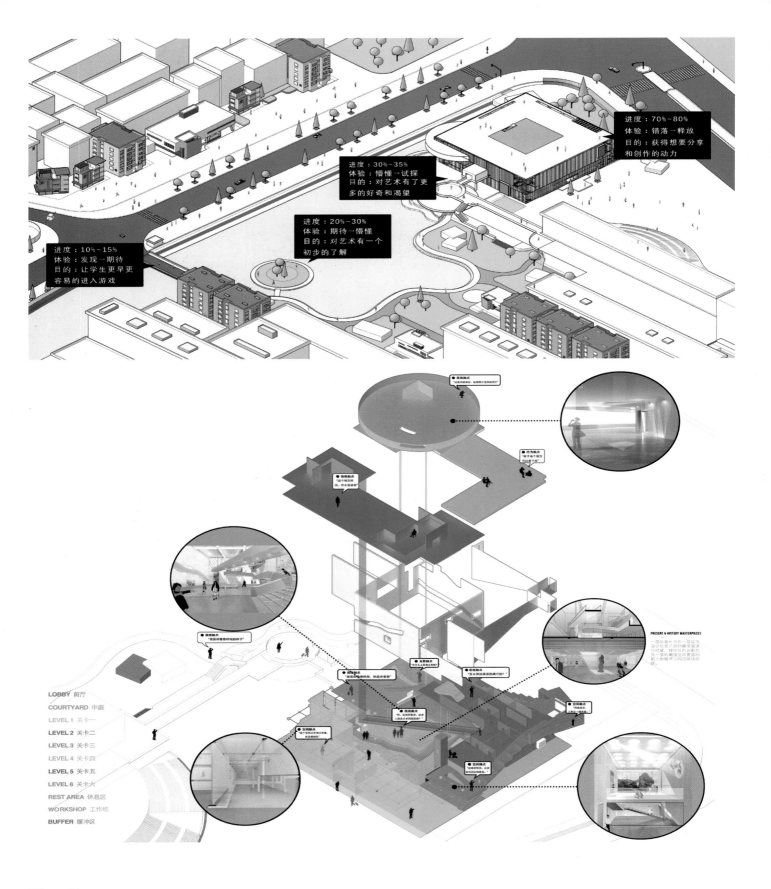

进度：70%~80%
体验：错落一释放
目的：获得想要分享
和创作的动力

进度：30%~35%
体验：懵懂一试探
目的：对艺术有了更
多的好奇和渴望

进度：20%~30%
体验：期待一懵懂
目的：对艺术有一个
初步的了解

进度：10%~15%
体验：发现一期待
目的：让学生更早更
容易的进入游戏

LOBBY 前厅
COURTYARD 中庭
LEVEL 1 关卡一
LEVEL 2 关卡二
LEVEL 3 关卡三
LEVEL 4 关卡四
LEVEL 5 关卡五
LEVEL 6 关卡六
REST AREA 休息区
WORKSHOP 工作坊
BUFFER 缓冲区

游于艺

设计师：曾庆麟、吴梓君、陈建朝、刘根和

单　位：广州美术学院

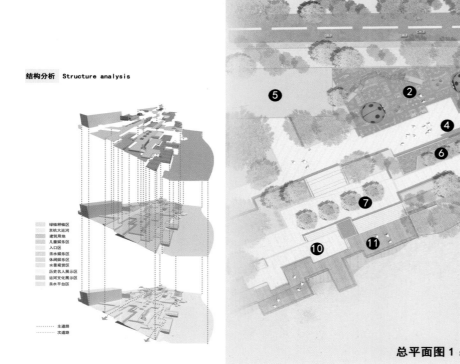

结构分析 Structure analysis

绿植种植区
京杭大运河
建筑用地
儿童娱乐区
入口区
亲水娱乐区
休闲娱乐区
水景观赏区
历史名人展示区
运河文化展示区
亲水平台区

主道路
次道路

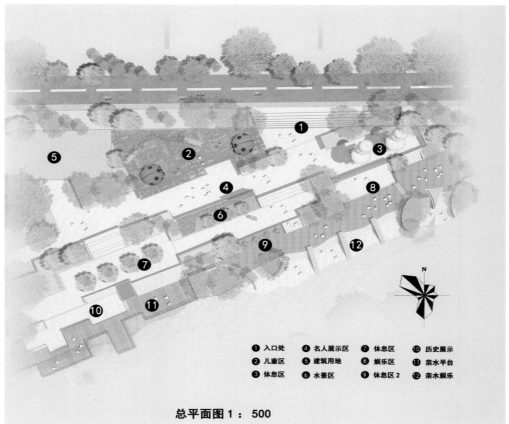

① 入口处　④ 名人展示区　⑦ 休息区　⑩ 历史展示
② 儿童区　⑤ 建筑用地　⑧ 娱乐区　⑪ 亲水平台
③ 休息区　⑥ 水景区　⑨ 休息区2　⑫ 亲水娱乐

总平面图1：500

园囿
——运河文化主题公园景观环境设计

设计师：常以彬、李厚臻

单　位：山东建筑大学

布马欢腾、醒狮竞世

设计师：陈钏

单　位：广州美术学院

阳江"万影"精品酒店

设计师：陈方宇

单　位：广东农工商职业技术学院

建筑生成 BUILDINGS GENERATION

通过分析环境和社会关系，探讨传统建筑的生成规律，找出现代版本。
Studying the generative rule of indigenous buildings from analyzing the environment and social relations, then find out a

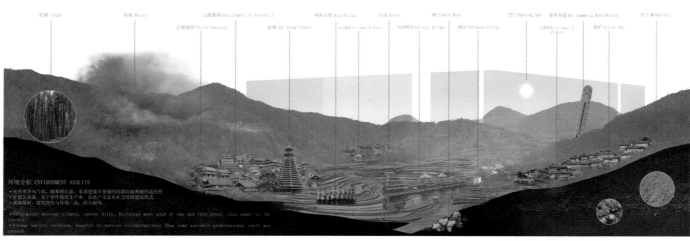

杉树 Cedar　　多雨 Rainy　　山脚聚落 Settlement At Foothill　　鼓楼大寨 Dong Xa Lou　　河水 River　　硬石 Hard Rock　　烈日 Burning Sun　　夏热冬暖 Hot Summer & Warm Winter　　红土壤 Red Soil

丘陵地形 Hills Terrain　　鼓楼 The Drum Tower　　河边聚落 Settlement By River　　风雨桥 Wind-rain Bridge　　梯田 Terraced Fields　　银矿 Silver Ore

环境分析 ENVIRONMENT ANALYSIS

· 亚热带季风气候，喀斯特丘陵，要求建筑有很强的防晒防雨功能和地形适应性。
· 社会关系紧密，易于协作提高生产率，由此产生富有社交性的建筑形式。
· 就地取材，建筑特性与环境一致，坚久耐用。

· Subtropical monsoon climate, raster hills. Buildings must good at sun and rain proof, also adapt to the terrain.
· Strong society relation, benefit to survive collaboratively Thus some sociable architectural style was created.

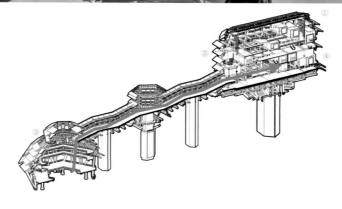

侗乡连城

设计师：陈佳蕾、高云川

单　位：广西艺术学院

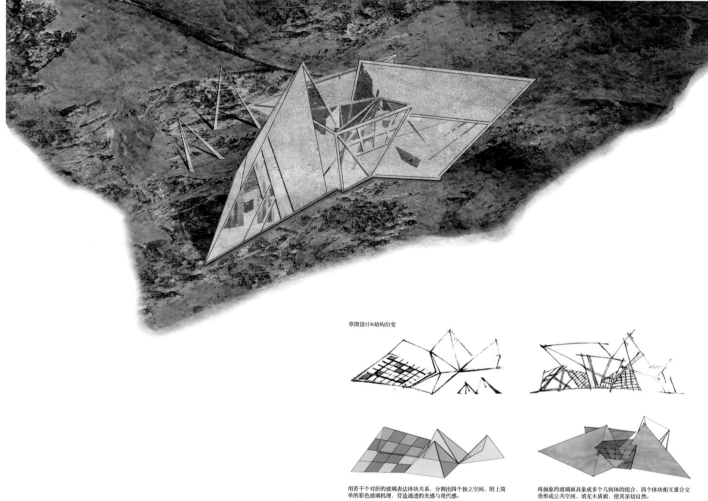

草图设计&结构衍变

用若干个对折的玻璃表达体块关系，分割出四个独立空间，附上简单的彩色玻璃肌理，营造通透的光感与现代感。

将抽象的玻璃面具象成多个几何体的组合，四个体块相互重合交叠形成公共空间，填充木质面，使其亲切自然。

栖
—— 体块间的变形穿插与空间的交互对话

设计师：陈建宇、陈飞

单　位：南京艺术学院

湖南省古丈县老司岩村文化空间设计

北立面图　　　　　　　东立面图

二三里
——湖南省古丈县老司岩村文化空间设计

设计师：陈剑君、萧斌

单　位：天津美术学院

世远年陈
——西安美术学院长安校区博物馆设计

设计师：陈舒婷、吴凯、朱敏

单　位：西安美术学院

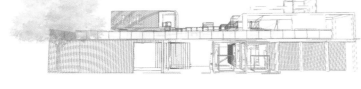

Confused Life
——透明性理论的延伸与转变

设计师：陈星光

单　位：南京艺术学院

浔里寻味
——浔酒文化体验园

设计师：陈翊裴、胡冉冉

单　位：中国美术学院

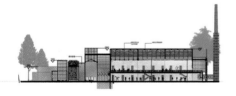 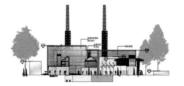 

IPSCs 沙龙空间

设计师：程基发

单　位：鲁迅美术学院

然生

设计师：崔泽朋

单　位：辽宁科技大学

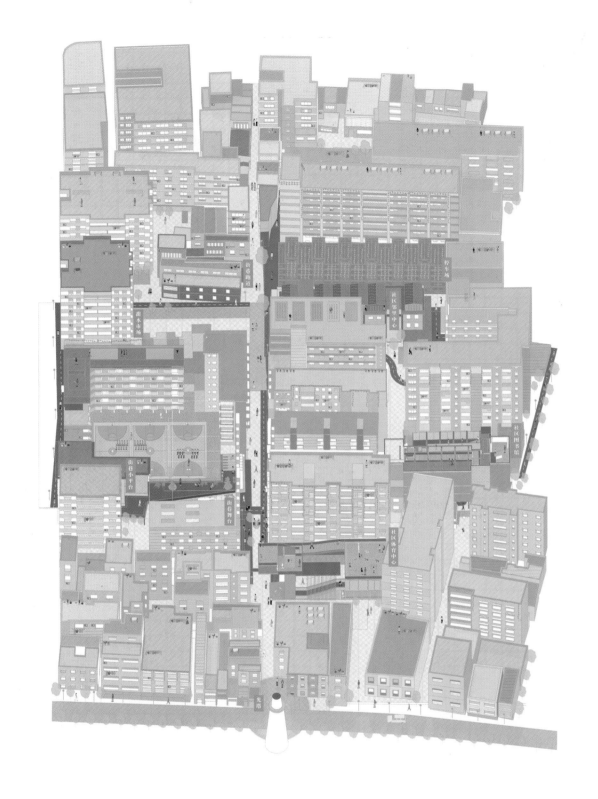

破"境"重"院"

设计师：邓伟翔、张逸云、蔡信乾

单 位：广州美术学院

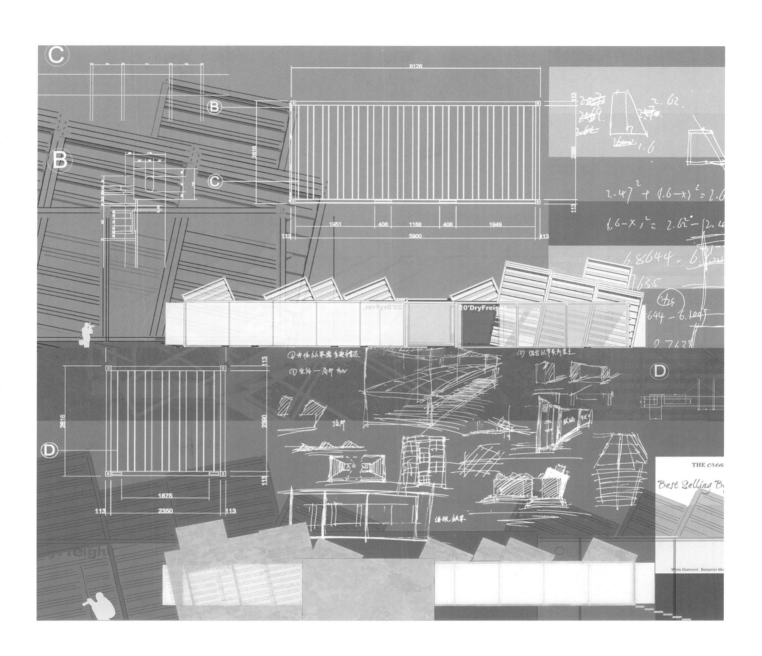

舱体建筑
—— 以集装箱为模数的校园临时建筑增补

设计师：刁卓越、姚磊、沈真、唐志淳、石鹏彬

单　位：南京艺术学院

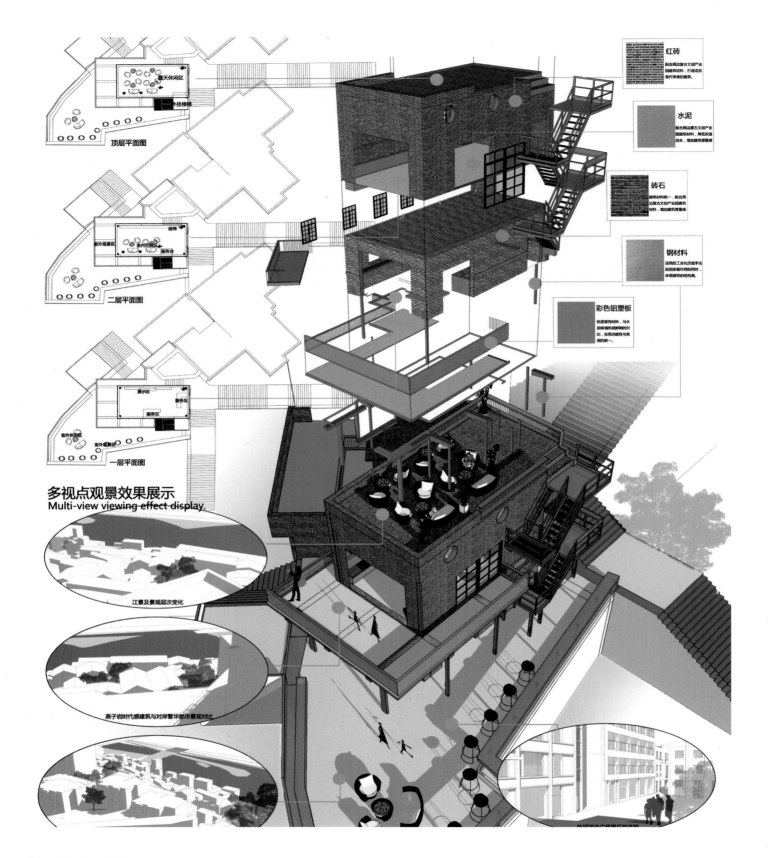

顶层平面图

二层平面图

一层平面图

多视点观景效果展示
Multi-view viewing effect display.

江景及景观层次变化

燕子岩时代感建筑与对岸繁华都市景观对比

红砖

配合周边复古文创产业园建筑材料，打造适应现代审美的建筑。

水泥

配合周边复古文创产业园建筑材料，降低改造成本，增加建筑厚重感。

砖石

建筑材料统一，配合周边复古文创产业园建筑材料，增加建筑厚重感。

钢材料

运用后工业化改造手法，起到承重作用的同时，体现建筑的结构美。

彩色铝塑板

轻质装饰材料，与水泥转墙形成鲜明的对比，实现功能性与美观的统一。

再"生"设计
——文创园景观建筑探索设计

设计师：甘甜

单　位：四川美术学院

古村雅舍 十里化意

以衔引商，以商兴商，以商促旅。在"阅七七"的一颗印古建筑兼艺术空间在古建筑文化的延伸。也是一个民宿的设计充分体现古村隐舍屏影藏景设计的构思和设计案例分析。

云南昆明呈贡化城村村落环境设计方案

设计师：谷永丽、张琳琳、张兆儒、马文涛

单　位：云南艺术学院

城墙"拆"想
——活化福州上下杭城村街道景观空间

设计师：韩雅楠

单　位：天津美术学院

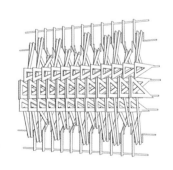
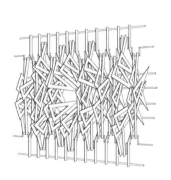
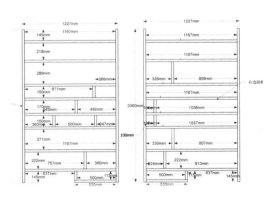

初·壹
——环境艺术·机械动态互动装置设计

设计师：韩娱婷、张颖、董昌恒、原艺洋

单　位：南京艺术学院

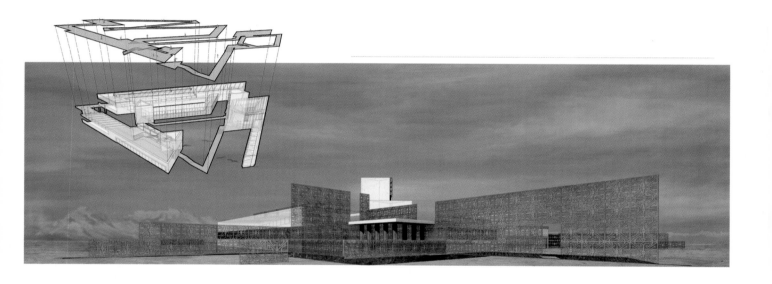

零八年地震后，羌族——云朵上的民族，在重建发展中原有的民族文化受到冲击。建民由传统向现代转变时失去其原有的内在精神属性。本作品把羌族元素与当地特有的建筑空间进行重构，根据建筑与环境的再塑，通过光影空间的设计营造具有现代感的否定神秘体验空间。作品旨在让社会多关注发展中的少数民族在精神层面的变化，使得在其发展的过程中保持他们特有的文化特性，而不是该该丢失他们的内在本质。

净归云隐
——羌族信仰文化体验馆

设计师：何宗罡

单　位：鲁迅美术学院

FUNCTIONAL PARTITION

建筑第一部分作为接待引言区，起名为"索厅"，起名为"索厅"第一意为开始引导的意思，第二意是在空间中借鉴了羌族传统的引渡过河的索道元素。功能上"索厅"起着接待、休息、展示的作用，作为建筑的主要出入口，空间较为开敞，整个大厅多采用自然光，通过借光，引光的方法结合特色羌族纹样营造室内安静神秘的氛围，在休息区设有一些羌族的展示和展品，引导参观者了解羌族起源，之后经羌族传统索桥索梁元素的楼梯上到二楼平台，平台上是一个较为开敞的空间，可以欣赏建筑周围和内部中庭景色，穿过平台再通过空中走廊将会进入下一个建筑空间。

建筑第二部分是展现羌族传统文化信仰和历史文化传说的展厅，参观的空间设计形式，通过空中走廊进入建筑，接着就呈现转而下的展示步道，因此这个展厅被取名为"转山"。"转山"的空间来源是借鉴了羌族建筑依山而建，盘旋依附的抬阶步道。通过回廊增加空间长度增加展示内容的同时，丰富了参观者的参观体验。参观者可以通过轴墙上的展示了解羌族神秘有趣的生化传说，这也是羌族信仰文化的一部分。通过回廊展示步道到达陈列品区展示区，出展示空间则是室外展道，通向有着髀耙柱的中庭。第二部展示区仍是借助自然光营造神秘的空间感，是参观者能够更加深入体会羌族的神秘沧桑。

建筑第三部分主要以体验为主，起名为"光之森"。光之森灵感来自于羌族传统的山神座拜，结合羌族传统的"火塘"设计了一个下沉空间，与火相对的就是水，结合室外景观水体设计了一个水体景观，水滴由墙顶而下与下方的水体碰撞迸发出山间溪水的声响，与周围环境共同营造自然的环境。水体中间壁立羌族传统中的大禹水柱，接引天光形成仪式感十足的场景，纪念大禹对当地水利的卓越贡献。除了"光之森"还有一个较为私密的狭长空间，那是为参观者设置的多个冥想室。在冥想室中，冥想者能够观看到羌族的信仰介绍纪录片，能够暂时忘却尘世的烦恼，静心所欲的想象。"光之森"主要是运用光和声音来触及参观者视觉，听觉的感受，唤起人们对自然的向往与热爱。

EFFECT DIAGRAM DISPLAY

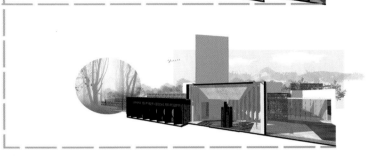

觅趣
—— 景观设计

设计师：胡楣杰、马峥嵘、仝苗

单　位：西安欧亚学院

新建筑
旧建筑

北山新声
——北山音乐节主会场场地设计

设计师：霍振声

单　位：广州美术学院

观景邮亭
Viewing gallery pavilion

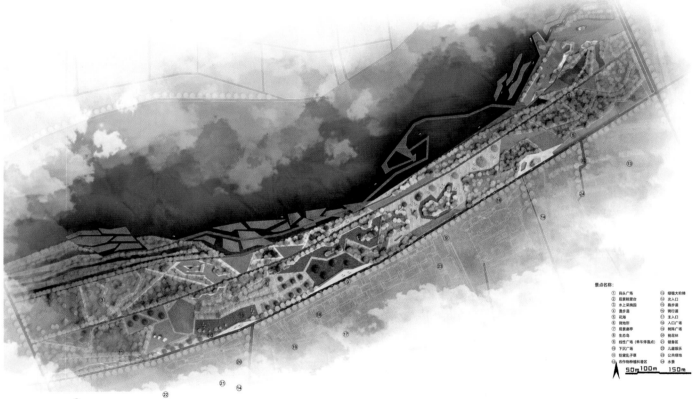

景点名称：
① 码头广场   ⑬ 绿植大台阶
② 观景眺望台   ⑭ 次入口
③ 水上采摘园   ⑮ 商步道
④ 漫步道   ⑯ 骑行道
⑤ 花海   ⑰ 主入口
⑥ 微地形   ⑱ 入口广场
⑦ 观景廊亭   ⑲ 树阵广场
⑧ 生态岛   ⑳ 桃花林
⑨ 线性广场（单车停靠点） ㉑ 健身区
⑩ 下沉广场   ㉒ 儿童娱乐
⑪ 粒覆瓦子幕   ㉓ 公共绿地
⑫ 农作物种植科普区 ㉔ 水景

50m 100m 150m

生生步汐
——城市废弃河道景观再生

设计师：贾涛、马晓卉

单　位：西安欧亚学院

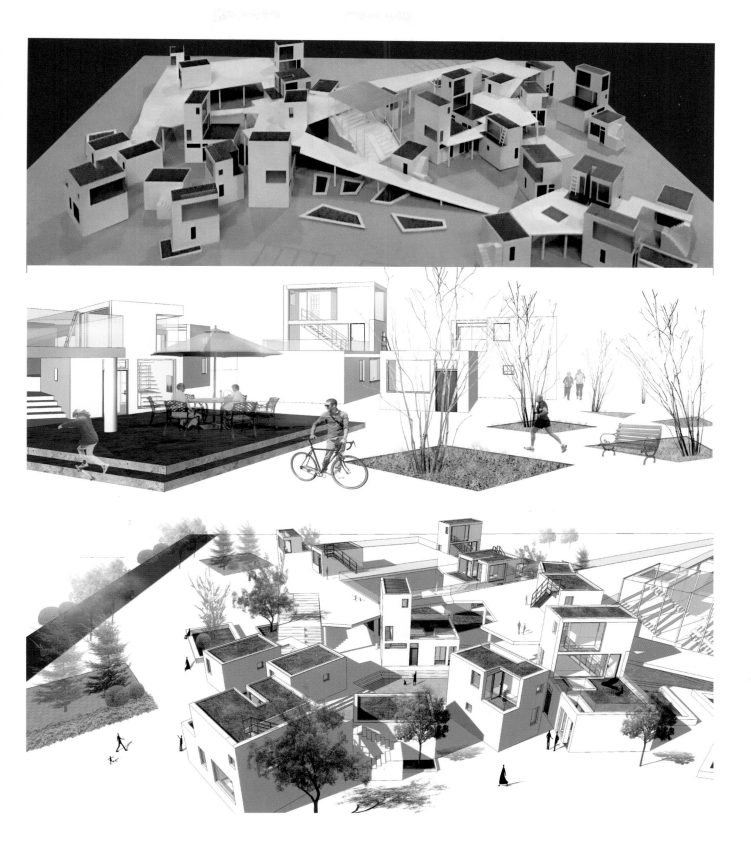

"安静的灵魂"
——从我家屋顶下到你家庭院

设计师：蒋宏波、任帅

单　位：中国矿业大学

绿色·文化·长廊——生态化立体图书文化中心

绿色·文化·长廊
——生态化立体图书文化中心

设计师：康丽淳

单　位：鲁迅美术学院

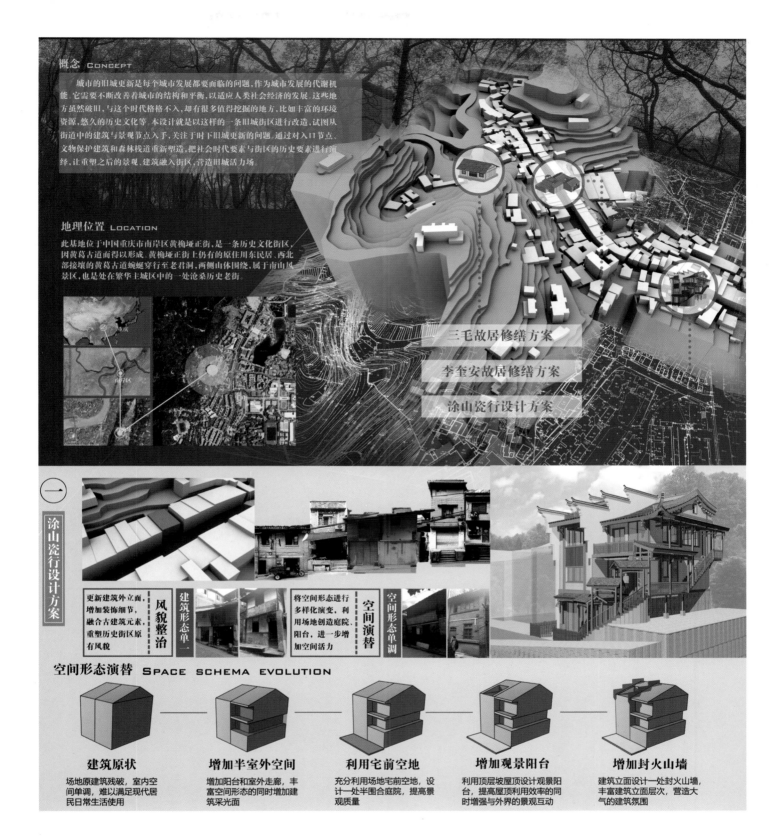

概念 CONCEPT

城市的旧城更新是每个城市发展都要面临的问题。作为城市发展的代谢机能，它需要不断改善着城市的结构和平衡，以适应人类社会经济的发展。这些地方虽然破旧，与这个时代格格不入，却有很多值得挖掘的地方，比如丰富的环境资源、悠久的历史文化等。本设计就是以这样的一条旧城街区进行改造，试图从街道中的建筑与景观节点入手，关注于时下旧城更新的问题。通过对入口节点、文物保护建筑和森林栈道重新塑造，把社会时代要素与街区的历史要素进行演绎，让重塑之后的景观、建筑融入街区，营造旧城活力场。

地理位置 LOCATION

此基地位于中国重庆市南岸区黄桷垭正街，是一条历史文化街区，因黄葛古道而得以形成。黄桷垭正街上仍有的原住川东民居，西北部接壤的黄葛古道蜿蜒穿行至老君洞，两侧山体围绕，属于南山风景区，也是处在繁华主城区中的一处沧桑历史老街。

三毛故居修缮方案

李奎安故居修缮方案

涂山瓷行设计方案

涂山瓷行设计方案

风貌整治
更新建筑外立面，增加装饰细节，融合古建筑元素，重塑历史街区原有风貌

建筑形态单一

空间演替
将空间形态进行多样化演变，利用场地创造庭院阳台，进一步增加空间活力

空间形态单调

空间形态演替 SPACE SCHEMA EVOLUTION

建筑原状
场地原建筑残破，室内空间单调，难以满足现代居民日常生活使用

增加半室外空间
增加阳台和室外走廊，丰富空间形态的同时增加建筑采光面

利用宅前空地
充分利用场地宅前空地，设计一处半围合庭院，提高景观质量

增加观景阳台
利用顶层坡屋顶设计观景阳台，提高屋顶利用效率的同时增强与外界的景观互动

增加封火山墙
建筑立面设计一处封火山墙，丰富建筑立面层次，营造大气的建筑氛围

演绎·传统
——重庆市黄桷垭正街的时代性更新

设计师：赖思耀

单　位：四川美术学院

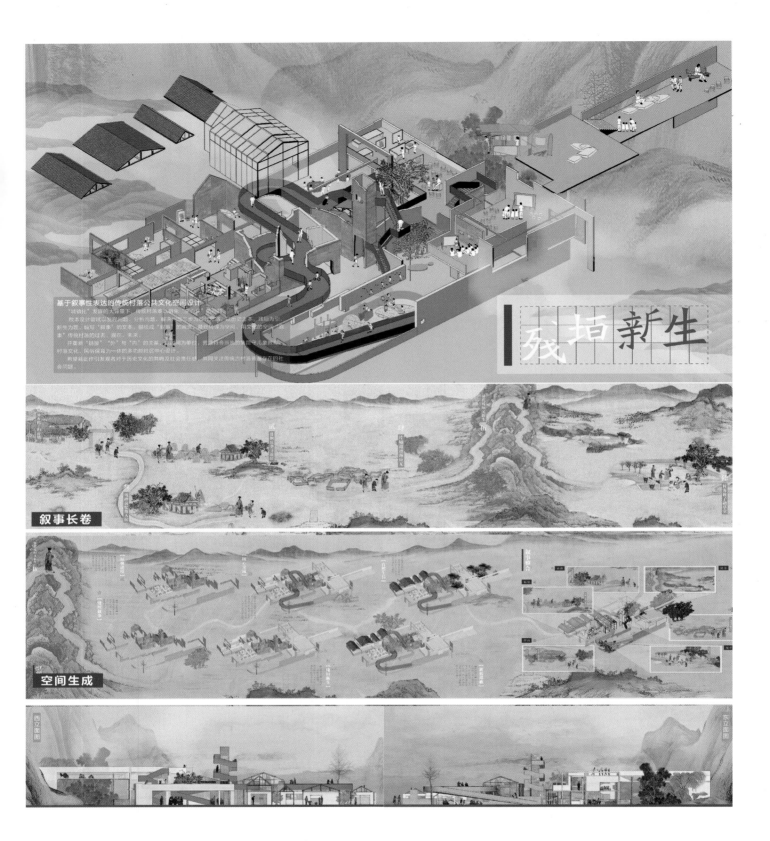

叙事长卷

空间生成

残垣新生
——基于叙事性表达的传统村落公共文化空间设计

设计师：雷文婷

单　位：广州美术学院

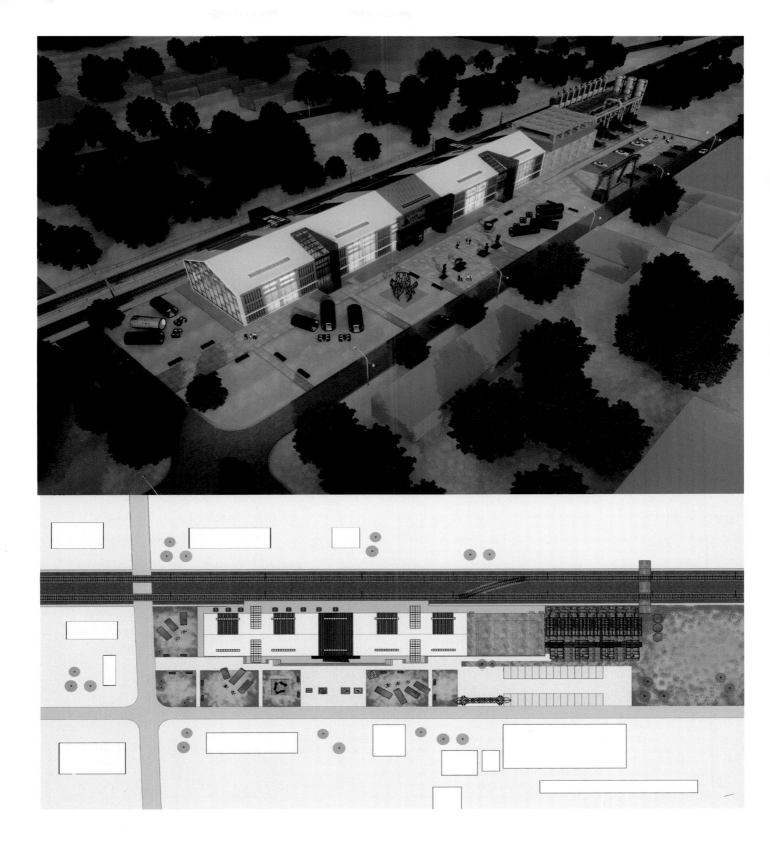

驿站往事
——西凤酒文化主题餐厅

设计师：李博涵

单　位：西安美术学院

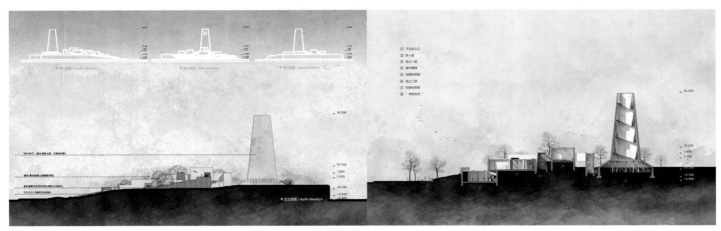

设计说明：

- 本次设计的主题为"纳须弥于芥子"，"须弥"是须弥山即冈仁波齐峰，"芥子"是油菜籽，这是一句佛偈，意思是在看似很小的空间内也可以容纳无限的事物。

- 场地位于西藏阿里冈仁波齐峰，以《西藏生死书》、《中阴闻教得度》等西藏理论书籍中提出的观点为设计依据，为转山的信仰者、游客设计的庇护所。

- 根据《西藏生死书》中提出的"无明"与"空性"，进行两种场所精神的营造，通过前后戏剧性的反差对比设计，启示人们去省思急促浮躁的心态，唤醒信徒、游客对天地自然以及众生的爱、慈悲、虔敬心与利他精神，寻找到在这个世对于自己最有益的修行、生存方式。

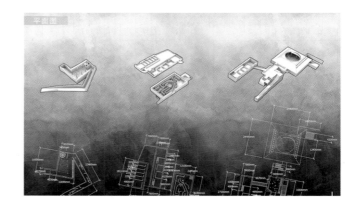

平面图

纳须弥于芥子
——圣山冈仁波齐临时庇护所设计

设计师：李岗

单　位：中南大学

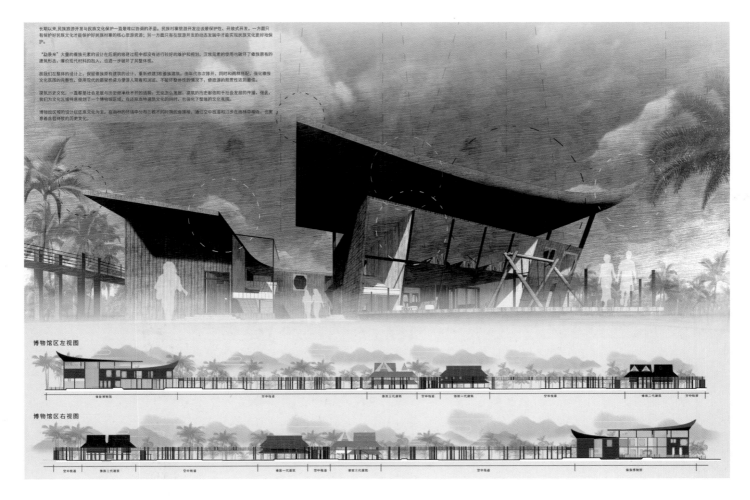

云光

设计师：李吉宇、江卓山、李元勋、杨璐鲭、王金秋、王雯

单　位：云南艺术学院

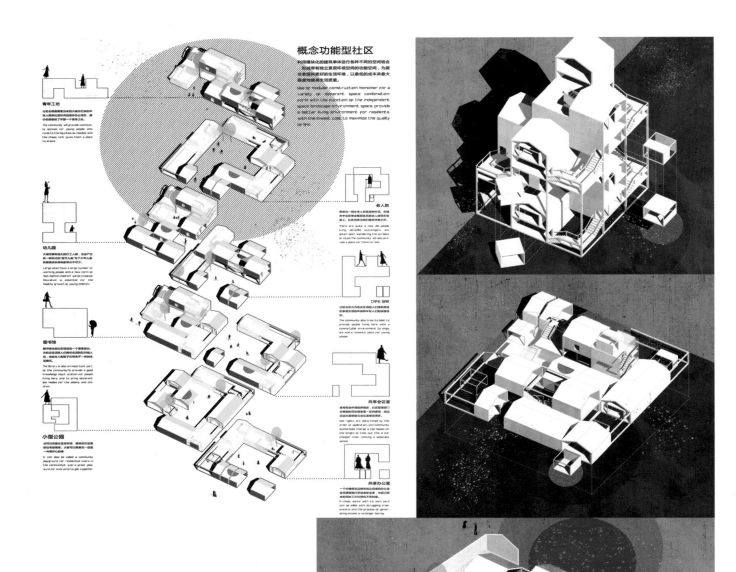

概念功能型社区

利用模块化的建筑单体进行各种不同的空间组合，形成带有独立景观环境空间的功能空间，为居住者提供更好的生活环境，以最低的成本来最大程度地提高居住生活质量。

Use by module construction monomer for a variety of different space combination form with the function of the independent space landscape environment, space provide a better living environment for residents, with the lowest cost to maximize the quality for live.

青年工坊

社区会根据需要为来到大城市的年轻人提供社团形式的团体创业场所，廉价的房租给了他们一个奋斗之地。

The community will provide community services for young people who come to the big cities as needed and the cheap rent, gives them a place to dream.

幼儿园

大城市里有大量的打工人群，也会产生一种新式的"留守儿童"为了少年儿童的健康成长教育是必不可少的。

Large cities have a large number of working people and a new form of "left behind children" will be created. Education is essential for the healthy growth of young children.

图书馆

图书馆也是社区构成的一个重要部分，为社区在团队人们提供优质知识的输入，站点。也给长久居住在此处和这不一样的人们，为老人和孩子们来此一样的生活渴求。

The library is also an important part, or the community to provide a good knowledge input, station for people living here, and to bring different, are reades for the elderly and children.

小型公园

也可以说是社区运动乐享体育场，提供给社区居住使用者。大家可以放置在一起，大家可以愉悦在一起。

It can also be called a community playground for residential users in the community, was a great, pleasure for everyone to get, together.

老人院

有相当一部分老人流离街头生活，在城市中出现年老衰弱的拾荒者人群和年迈流浪，社区也将为他们提供体基住所。

There are quite a new old people living streetfell scavengers or certain seen wandering the streets or olders. The community will also provide a place for them to rest.

CRFE 餐厅

社区也致力为流浪生活提供人们居所的服务，用低廉的租金为在此地生活的老人们提供一个舒适的环境，也给少年人们提供浪漫的地方。

The community also tries its best, to provide people living here with a comfortable environment, to stay and and a romantic place for young people.

共享会议室

使用权由申请顺序来决定，社团管理部门会根据的时间收取每天一定的费用，但总成比短期租赁会便宜这更重要来。

Use right are determined by the order or application, and community authorities charge a rise based on the length or time but this is far cheaper than renting a separate service.

共享办公室

一个创业者自家居有独立的庭院的办公会议室将填打开自由的老者，为你们的收益问题打扰工作比相也不再无聊。

A shared space with its own yard can be filled with its own struggling pres-tenoers and the process or gener-ating income is no longer boring.

拆分住宅·无场域之家

设计师：李佳卉

单　位：鲁迅美术学院

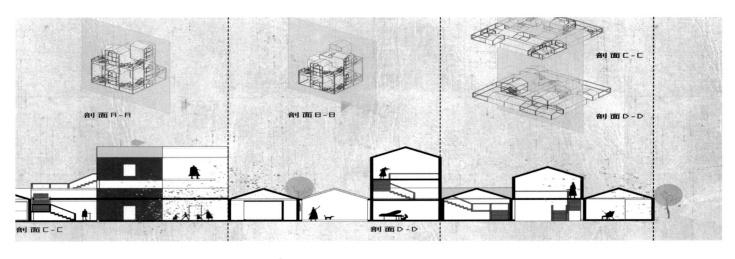

剖面 R-R 　　　剖面 B-B 　　　剖面 C-C
　　　　　　　　　　　　　　　　　　　　　剖面 D-D

剖面 C-C 　　　剖面 D-D

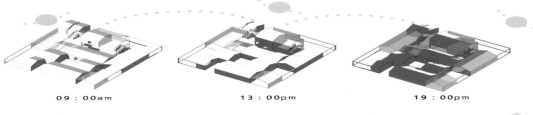

09：00am　　　　　13：00pm　　　　　19：00pm

以合院为基础拼合集中的社区模块能够保证天井部分的采光，也可以作为独立的景观区域。

The integrated community module based on siheyuan will ensure the lighting of the patio and serve as an independent landscape area.

中国北方传统民居的硬山屋顶，人为向上生长的形成新的模块。

Hard mountain roofs of traditional dwellings in northern China form new modules of artificial upward growth.

四面围合形态。

Tetrahedral form.

附加中央建筑载体与垂直交通。

Additional central building carrier and vertical traffic.

添加柱网井将载体分层用来填充新的单元。

Add a cylinder and layer the carrier to fill the new cell.

与载体结合形成新的建筑单体用来附加更小单位的模块。

Combine with the carrier to form new building blocks for attaching smaller units.

Community Generated

住宅建筑形态

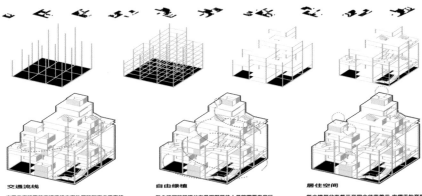

交通流线

主要住宅建筑的交通流线由室外循环和室内垂直线路组成，也可加设外挂无障碍电梯来满足不同年龄层居住者对住宅的需求。

The traffic flow lines of the main residential buildings are composed of outdoor circulation and indoor vertical lines, and they can also be equipped with an external barrier-free elevator to meet the needs of residents of different age groups.

自由绿植

每个楼层的绿植分布是根据居住人员的需要来自行处理，形成不一样不统一的景观分布效果。不以固有模式来规定和规范景观空间的走向和形式。

The green plant distribution of each floor is handled by itself according to the needs of residents, forming different and inconsistent green distribution effects.Do not use the inherent model to determine and rule the direction and form of green space.

居住空间

每个楼层分布着三至四个住宅单元，也便于处在同一平面的人们相互交流，单个的住宅单元也可以从一个载体移动到别一个载体，也便于自我改造。

Each floor there are three to four residential units, also facilitate people to communicate with each other in the same plans, a single dwelling unit can also be from one carrier to another carrier, also easy to reinvent themselves.

—济南市唐冶区农庄规划
FARM PLANNING IN TANG YE DISTRICT, JINAN CITY

方案总平面
Overall plan

流线及功能分区
Streamline and functional zoning

手绘方案设计图
Hand-drawn plan design drawing

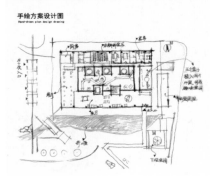

归园田居
—— 济南市唐冶区农庄规划

设计师：李佳蓉

单　位：北京工业大学

Rooftops Funk
——舞托邦

设计师：李健权

单　位：广州美术学院

农业地景的微叙述——嵩口乡村营造进行时
The Micro Narrative of Agricultural Landscape → The Construction of Songkou Village

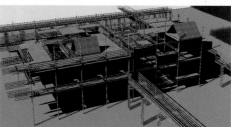

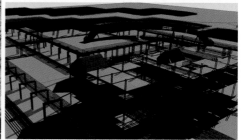

农业地景的微叙述
——嵩口乡村营造进行时

设计师：李梦蛟

单　位：福建农林大学

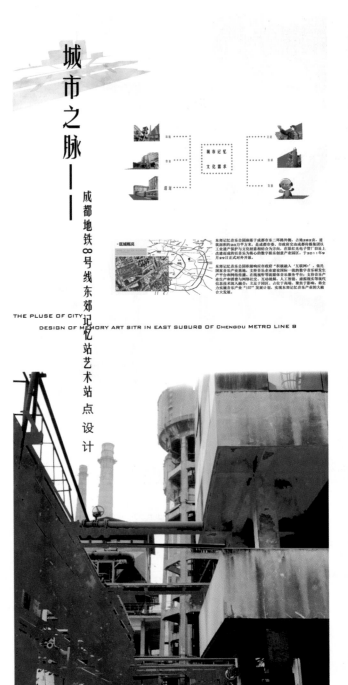

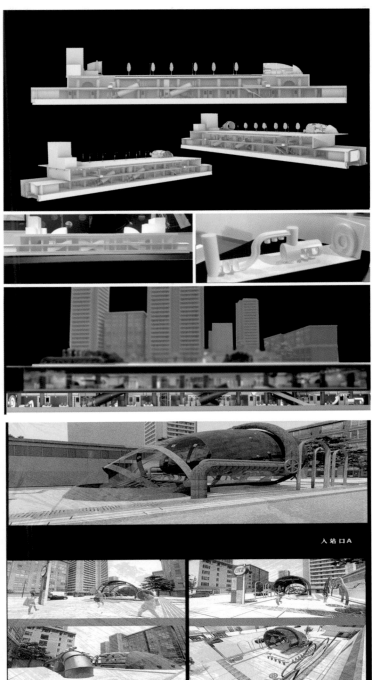

"城市之脉"
——成都地铁 8 号线东郊记忆站艺术站点设计

设计师：李明阳、李雨思、黄东君

单　位：四川美术学院

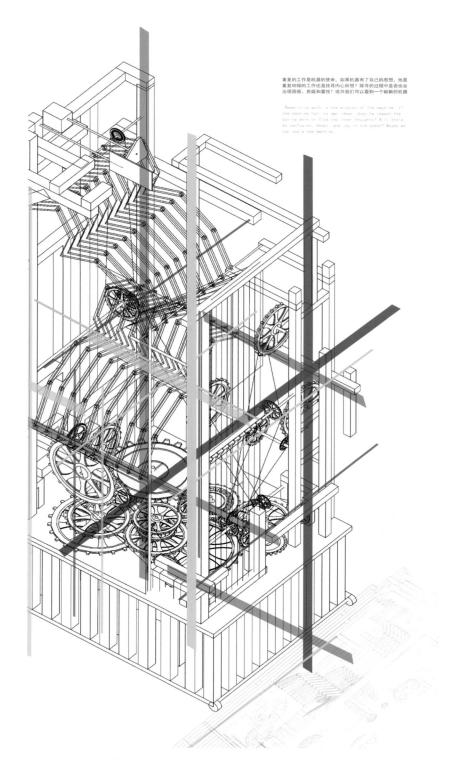

"寻"
——环境艺术·机械动态互动装置设计

设计师：李天、张雯雯、汪杰、王园

单 位：南京艺术学院

共城·共生
——昆明呈贡三台山片区、休闲娱乐区规划设计方案

设计师：李卫兵、杨杰、肖梓凌、金元元、钟玫珑
单　位：云南艺术学院

城市新玄关
——基于共生思想的重庆朝天门码头景观更新设计

设计师：李袭霏

单 位：四川美术学院

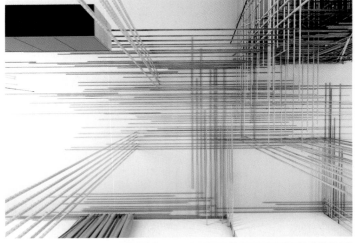

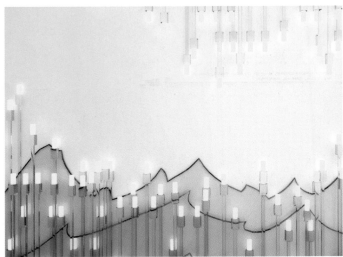

"问道"
——私宅室内设计

设计师：李想、赵容

单　位：西安欧亚学院

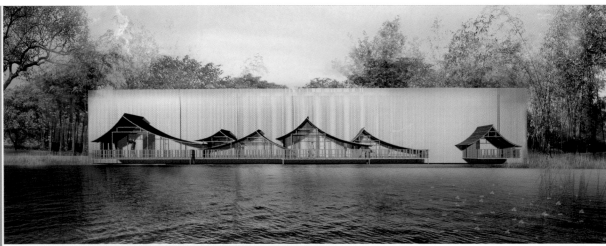

消隐　Eliminate hi

形生内外　Inside and outsid

使竹为竹　Make bamboo b

竹
——重塑背后隐匿的技艺

设计师：李雨倩、朱明龙、柯子晨、王腾龙

单　位：西安美术学院

栈道慢行空间　　　　　　桥下休闲空间　　　　　　交流会话空间　　　　　　环形走道空间　　　　　　中心表演空间　　　　　　水上浮动平台

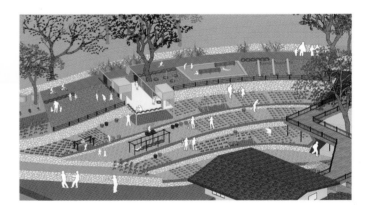

乌托邦日记
——石柱县中益乡"适应退休生活"的乡村户外景观改造设计

设计师：梁倩、雷丽

单　位：四川美术学院

PINK
——儿童自然教育体验基地设计

设计师：林歆

单　位：广州美术学院

"不是书店" 方案设计

设计师：刘昌辉、花东旭、闫丽姣、林建平

单　位：上海大学

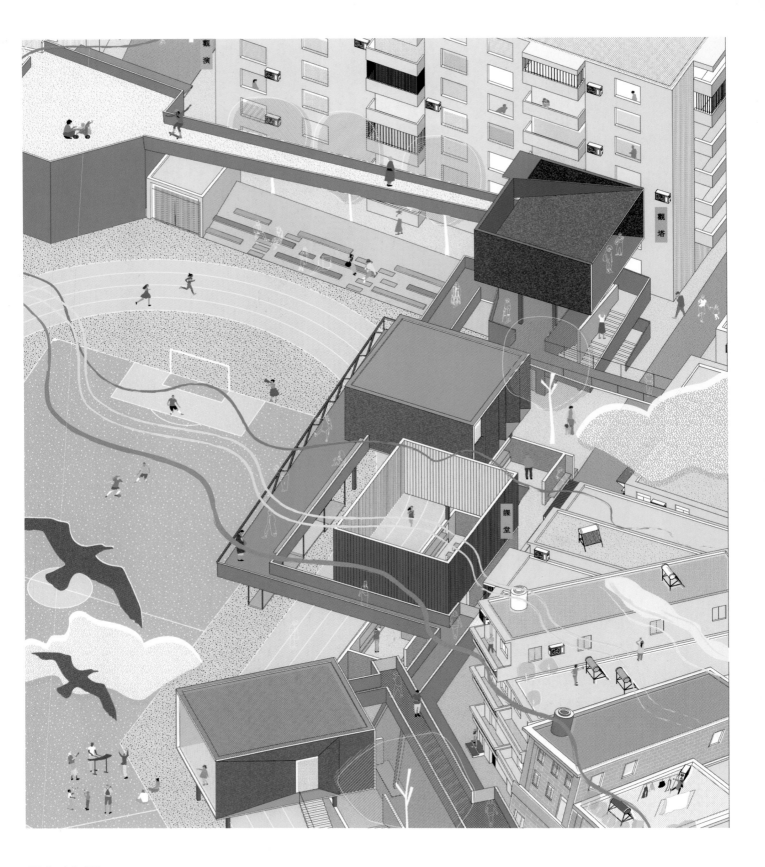

叠加边界
—— 社区运动 RUN RUN RUN

设计师：刘培烨

单　位：广州美术学院

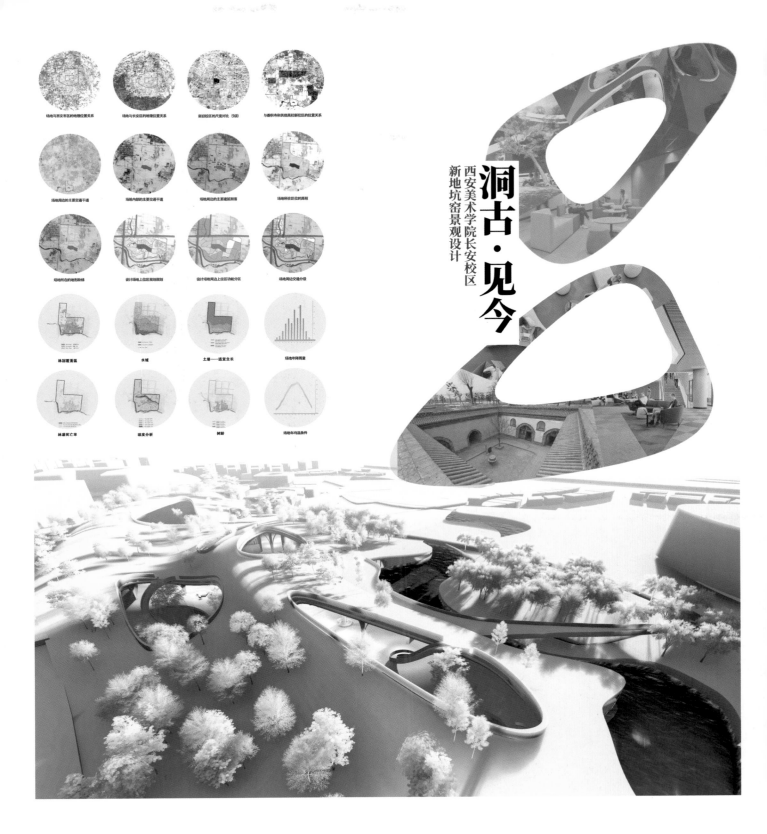

洞古·见今
西安美术学院长安校区
新地坑窑景观设计

洞古·见今

设计师：刘天一、薛欣怡、任怡雯、张煜

单　位：西安美术学院

传统的再造
——宝鸡市翟家坡村民俗养老院设计方案

设计师：刘通、毕然

单　位：宝鸡文理学院

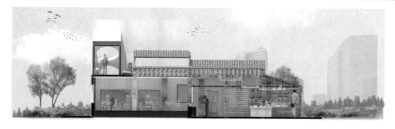

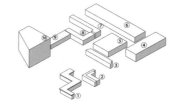

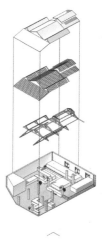

重塑与蜕变

设计师：刘维、张蔓琳

单　位：四川美术学院

国学中心
儒学馆概念设计

The conceptual design of the Exhibition
of Confucianism in National Centre of Chinese Traditional Culture

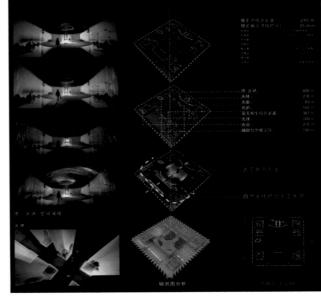

国学中心儒学馆概念设计

设计师：刘野

单　位：中央美术学院

禅宗餐厅设计

设计师：卢鎏婷、林颖

单　位：福建江夏学院

场地选址依据：

建筑群落布局重置

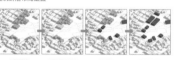

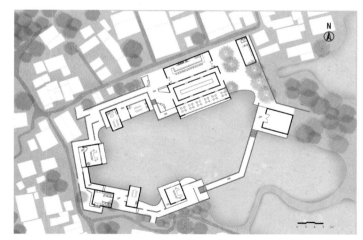

光影感知
——油茶室设计

设计师：罗作滔

单　位：广州美术学院

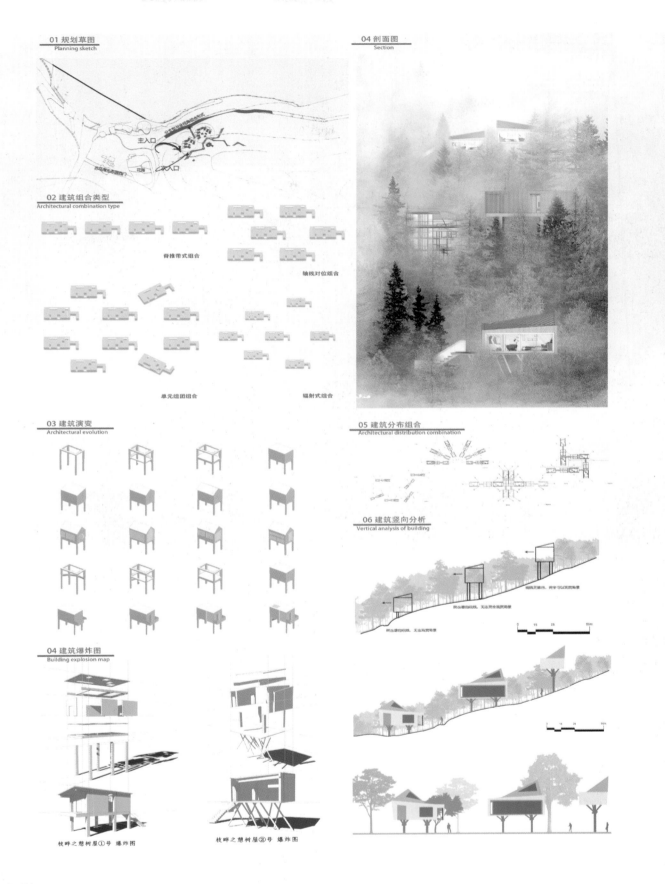

01 规划草图
Planning sketch

主入口
次入口

02 建筑组合类型
Architectural combination type

脊推带式组合

轴线对位组合

单元组团组合

辐射式组合

03 建筑演变
Architectural evolution

04 建筑爆炸图
Building explosion map

枝畔之憩树屋①号 爆炸图

枝畔之憩树屋②号 爆炸图

04 剖面图
Section

05 建筑分布组合
Architectural distribution combination

06 建筑竖向分析
Vertical analysis of building

枝畔之憩
——连云港连岛景区树屋建筑与景观设计

设计师：马卓

单　位：淮海工学院

"隐"于环境中的建筑
——集装箱酒店设计

设计师：蒙月兰、刘雅文

单　位：江西农业大学

E剖面图

客房

文化活动和温泉结合

前台、接待区、餐厅

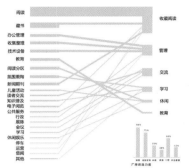

C.大厅

以点（球）、线、面构成较强的形式美感，如纸面上跳跃的点与线，肆意的张扬着，诉说着文人的自在与随意，以鹿的雕塑与草地为点缀，融入丝丝浪漫点生机。

A.正面

素色的水泥肌理配以茂密的植被绿化，通过直线的几何体快造型，即符合了工业园区的统一性又与内部的装饰风格进行了一个良好的过度与融合。

B.会谈等候区

金属与水泥肌理的碰撞，搭配布艺与绿植的点缀，让整个空间充满对比与矛盾却又和谐的融合在一起，象征着厂房空间的前世今生。

H.休闲区（道法自然）

休闲的曲线木质座椅与圆形桌子的创意来源与太极图案，在提供休闲功能的同时增加人与人之间的互动与交流，丰富空间丰富生活。

E.前台（自由之光）

简洁优雅的前台造型配以流动的绿植造型背景墙寓意着自由和浪漫，金属的回环形装饰象征着周而复始的生命与人生。

D.纸浅情深

吧台式环形书桌映衬球形吊灯构成的空间形式在实用上增加人与人之间交互性，美象征着一往而情深的书海知识情怀。

G.静思（书海沉浮，探究世界知识的奥义）

灯光从顶部洒下，沐浴着一方空间，中央的艺术品陈列寓意着这一方空间的主题旨在倡导人们静下心来探究知识世界的奥义。

F.自习区（暮鼓晨钟）

当你忘我的沉迷进书海时，时间如白驹过溪，亦如人生转眼已是垂暮老者，岁月不在，正如晋操所说：老骥伏枥志在千里，人岁老去，心仍年轻。学习是不分年龄的，只要你有一颗不羁的心。

剖面图分析

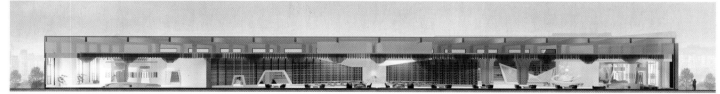

一方阔土，半纸书香

设计师：牛亚东

单 位：辽宁科技大学

耕心游野·造业于林
——贵州省黔南州荔波县布依家园环境改造设计

设计师：牛云、王一平、杨颖庆

单　位：四川美术学院

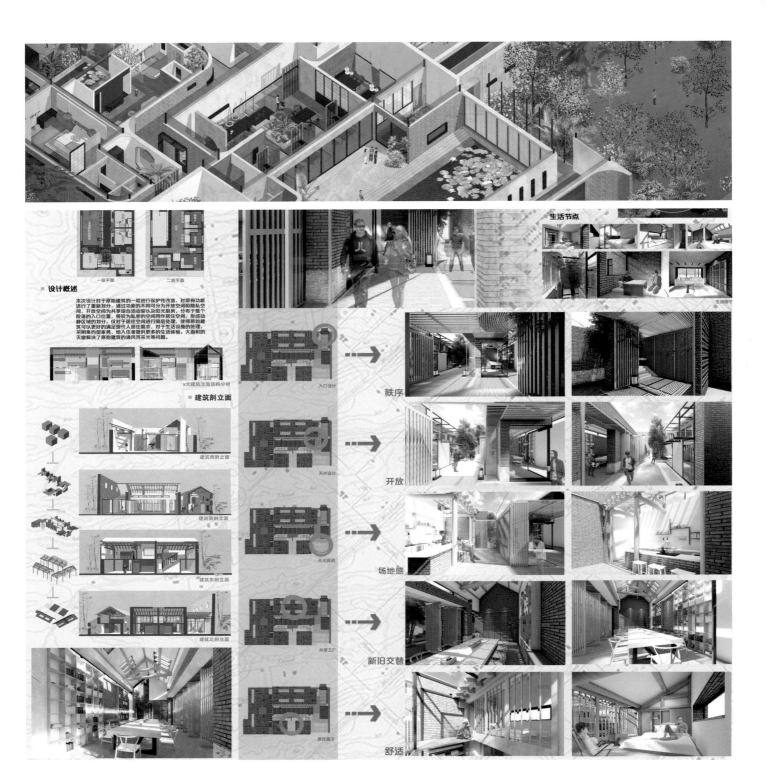

"觅"的知觉体验
——荷塘村精品酒店设计

设计师：潘晴

单　位：广州美术学院

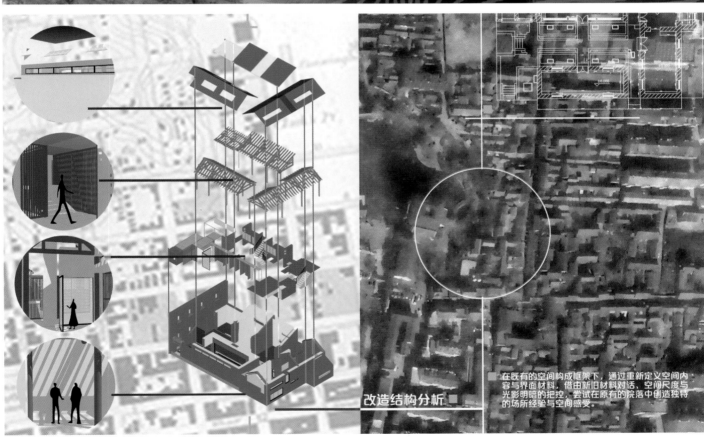

改造结构分析

在既有的空间构成框架下，通过重新定义空间内容与界面材料，借由新旧材料对话、空间尺度与光影明暗的把控，尝试在原有的院落中创造独特的场所经验与空间感受。

新旧的调和
——周村大街项目院落改造方案

设计师：潘彦旭

单　位：山东建筑大学

聚围
——城中村公共活动空间改造设计

设计师：彭伟杰、林肇斌、梁颖嫦

单　位：广东工业大学

月千集 01

SCARBOROUGH FAIR UNDER THE BROAD STARLIT SKY

AT THE JUNCTION OF THE SEA AND THE SKY
A DREAMER A NEW FUTURE

月 玻璃本身不能发光，依靠太阳光的照射，月亮也是如此。月的完美形态为球，本方案也是圆球状为外壳。

千 千可视解为千米高空，可理解为千米距离，也可理解为质数数量单位。

集 当人在建筑里时，建筑内部是一个集会，当人亭离时，充电装置是一个集会，当人们在高空时，互相往来集聚的建筑群也是一个集会。

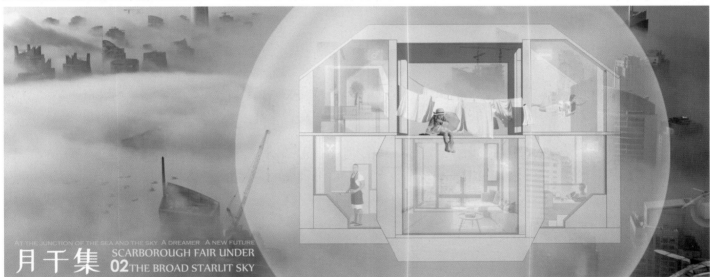

AT THE JUNCTION OF THE SEA AND THE SKY A DREAMER A NEW FUTURE

月千集

SCARBOROUGH FAIR UNDER
02 THE BROAD STARLIT SKY

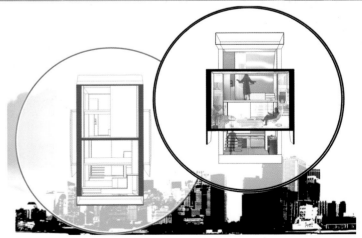

月千集

设计师：彭子娴

单　位：天津商业大学

走廊　　　　童话阅读室　　　　隔音墙大样图

575,24

儿童画室

二层设计内容

为了低龄儿童的安全考虑，把二层作为五六年级孩子的活动空间。

大孩子阅读区

儿童卫生间

知趣亲子活动中心空间设计

设计师：秦高阳

单　位：山东建筑大学

仚界
——村落文化中心改造设计

设计师：邱俞皓、唐运鸿

单　位：重庆师范大学

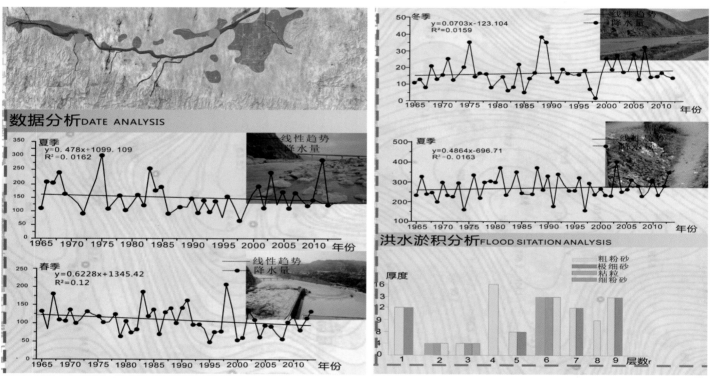

痛点
——修复型河流的更生，传统地区生长出的弹性河流景观

设计师：屈雨、林志鑫、金亿

单 位：西安欧亚学院

北城

———CULTURAL AREA

设计地块为北方城镇，为山水城结合的文化区，目的是增加北方城镇的标志性和场所感，尊重北方地域特色，地理环境和人文环境，对民居改造，巷道出入口，空间转角处，入口中心广场进行设计。交通分为陆地和水道，可用两种视角观赏，人从陆地看水上，或者人在船只上看陆地。周边建筑用长廊相互关联，以低层独立式和联排式为主，适当插入商业，服务中心等其他性质的建筑，主建筑多功能使用，可进行节日庆祝聚会或开设展览等，是人口的主要聚集地，可增加标志性和场所感。

The design block is a northern town and is a cultural area integrated with Shanshui City. The purpose is to increase the symbolic and place sense of the northern town, respect the northern regional characteristics, geographical environment and human environment, the transformation of residential areas, the entrance and exit of the roadway, and the corner of the space. The entrance center Square is designed. Traffic is divided into land and waterway. It can be viewed from two perspectives. People look at the water from the land, or people look at the land on the ship. The surrounding buildings are related to each other. They are mainly low-rise independent and tandem. They are appropriately inserted into commercial, service center and other buildings. The main buildings are used in multiple functions. They can celebrate festivals and hold exhibitions. It is the main gathering place of the population. Can increase the symbol and the place feeling.

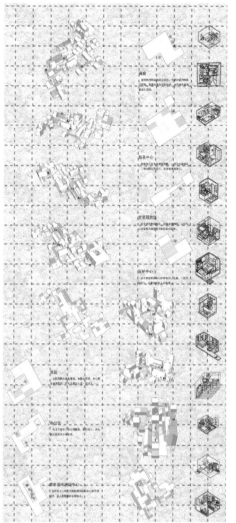

北城

设计师：任奕

单　位：鲁迅美术学院

链式生活
——新型养老社区

设计师：施颖齐、陈伟龙、黄嘉莉、冯佳佳

单　位：浙江师范大学

耋耆山居
重庆市合川区瑞映巷
传统民居改造方案设计

客厅设计效果图

客厅设计效果图

耋耆山居

设计师：宋健、杨程翰、陈春平

单　位：重庆工商职业学院

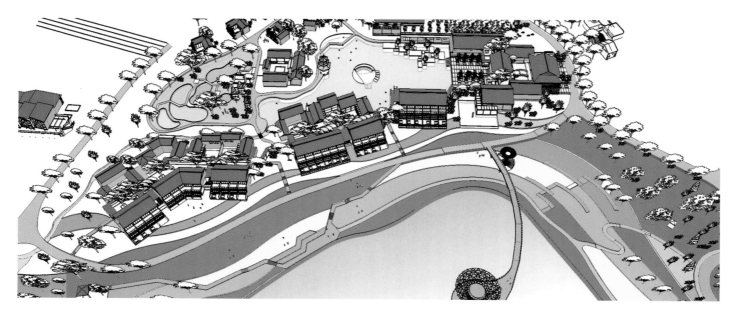

精品展览馆及特色体验馆
Boutique exhibition hall and special experience hall

建筑功能分区Building

入口道路效果图Effect drawing of entrance road

滴水穿石
——城市周边旅游民宿度假区更新

设计师：孙剑仪

单　位：北京服装学院

乌龙浦古渔村村落规划设计
Plan and design scheme of Wulong Pu ancient fishing village

渔印留声
——乌龙浦古渔村村落规划设计

设计师：孙顺福、刘华林、曾旗、麻娇、韩克、

　　　　陈豪亮、崔梦宇、岳伟、施建兴、麻雪

单　位：云南艺术学院

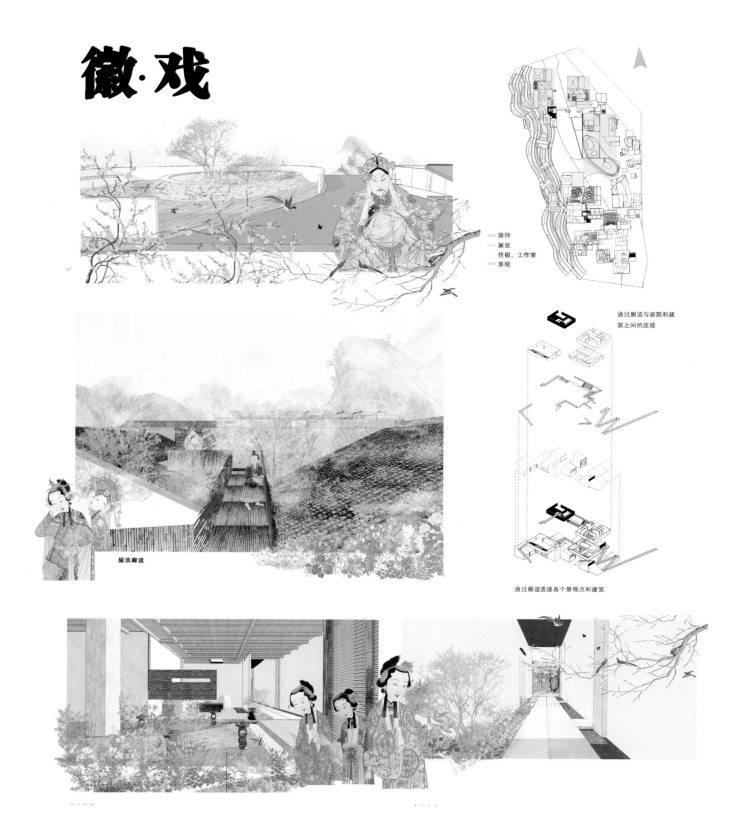

徽·戏

接待
展览
住宿、工作室
景观

通过廊道与庭院和建筑之间的连接

通过廊道连接各个景观点和建筑

屋顶廊道

徽·戏
——坑口艺术家村

设计师：孙玮琳、张畅

单　位：北京服装学院

木廊桥
——感受历史变迁中的廊桥文化

设计师：孙文鑫、梁贵勇

单　位：南京艺术学院

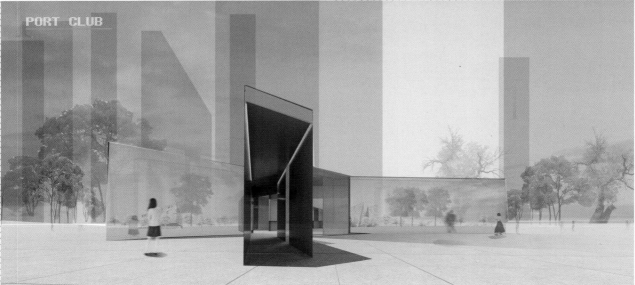

外立面·夜景   外立面·白日

透着温暖橙光次空间·小食区

透出温暖橙光主空间

PORT CLUB

设计师：童翊宇、周嘉璐、王安芑、陈威

单　位：广州美术学院

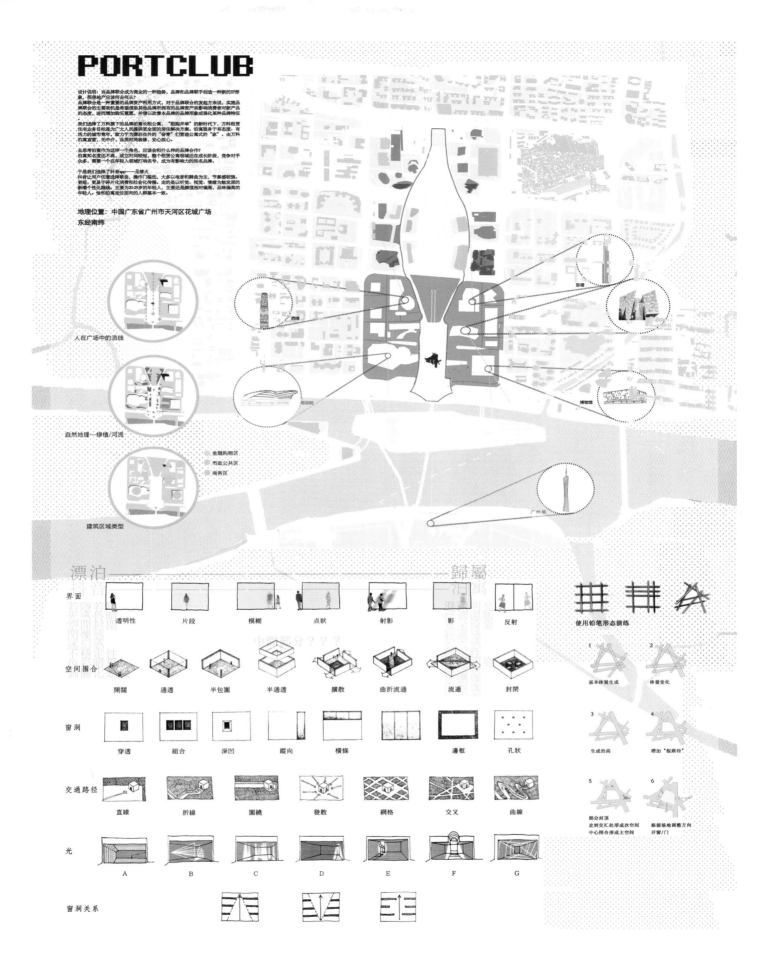

色彩分析 ⑧

⑨ 材质分析

玻璃 墙面
装饰 黑石 白色水泥
蓝色布艺 木地板
青石板
地面

禅棋百味
—— 棋会所空间设计

设计师：王丹吟

单　位：莆田学院

空间活动行为探索、分析

《衣钵相承》技艺教学中心 -- 触觉

技艺教学、手工艺文化传承教学课程

手工艺展厅 --- 视觉

展示木雕、石雕、剪纸、年画、皮影、提线木偶、客家服饰

景观戏水区

互动、体验、娱乐

中庭景观 -- 丛林穿梭

观景、体验、娱乐

室外品茶区【曲水流觞】-- 味觉 + 视觉

品尝客家擂茶、体验、聚会、观赏、娱乐

戏剧厅【梨园子弟】-- 听觉

主要表演的是"傀儡戏"客家汉剧"客家山歌等等。

客家陶瓷馆

大埔日用品陶瓷、工艺品陶瓷

农耕展厅【岁稔年年】--- 视觉

展示客家农用工具、生活用具。

文化教学区
休闲娱乐空间
展示空间
卫生间与设备区
中庭景观
观赏区

憶·境 民艺馆

设计师：王倩、周敏仪

单　位：广州美术学院城市学院

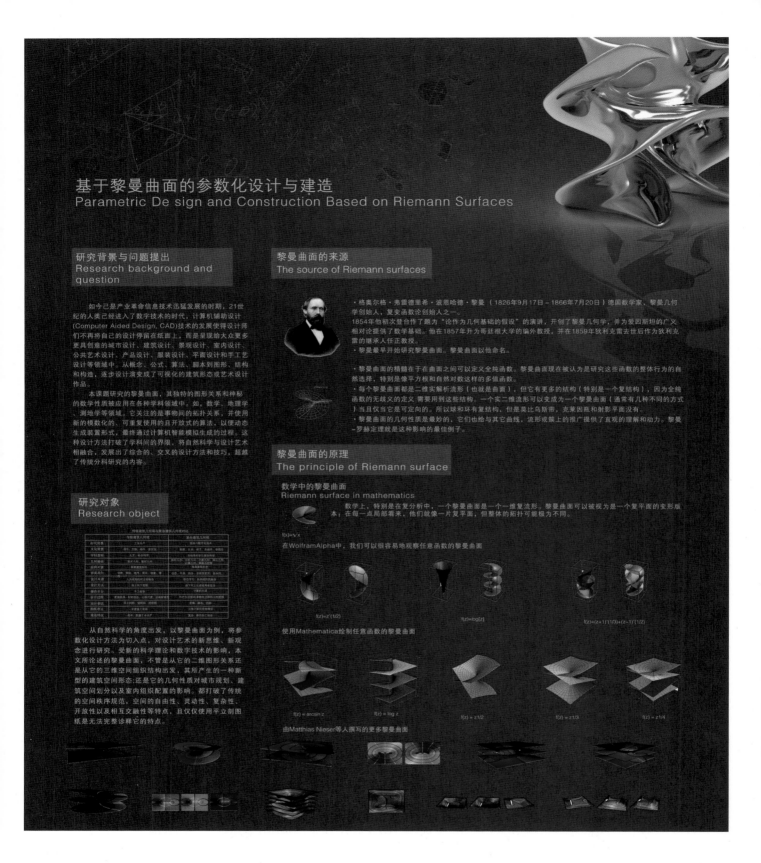

基于黎曼曲面的参数化设计与建造研究

设计师：王汝薇、李雯婕

单　位：华中师范大学

概念图解分析
Conceptual illustration anaiysis

手绘图
Hand drawing

数学概念演算
Mathematical concept calculations

最终效果图
The final rendering

原型生成
Prototype generation

中期手绘图
Mid-term hand drawing

模拟材质图解分析
Analog material graphic analysis

香樟材质
Toon material

数据图解分析
Conceptual illustration analysis

优化
Optimization

形式变化
Form change

椅子切片
Slice

椅子编号
Serial number

木质材质
Wood material

木质材质
Wood material

金属材质
Metal Material

金属材质
Metal Material

模型初期实验
Model initial experiment

数控加工过程
CNC machining process

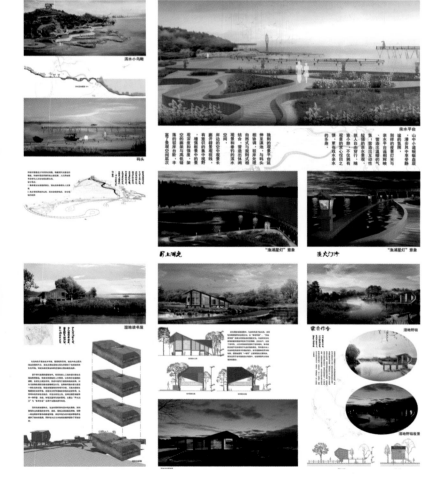

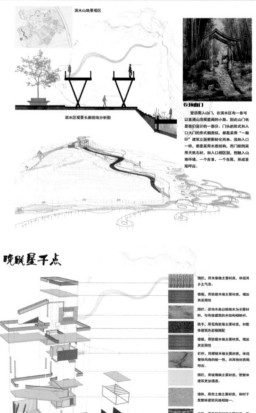

晚瞭星斗点

山顶观星阁

商业街与内部居住区通过绿化或绿篱隔开，在某些量中部分省商业绿化，例如在商业区二层的屋顶绿化等，这些绿化的方式来美化商业气罗严重的环境，这些绿化带还可以为人们提供休息的空间。除了上述所提到绿化区域空闲外，在建筑与建筑之间往往通过架空连廊，露天的露台提供使用者体验与交流的空间。

云南昆明呈贡乌龙浦项目

（规划设计方案：再生更新概念、商旅核心区；景观设计方案：湿地驳岸、农田及湿地、访林探星）

设计师：王睿、李端、张琼月、董津纶、熊梦佳、段永妃、窦友相

单　位：云南艺术学院

建筑与街道的关系——天际线和地界线

博弈和妥协

设计师：王思颖

单　位：四川美术学院

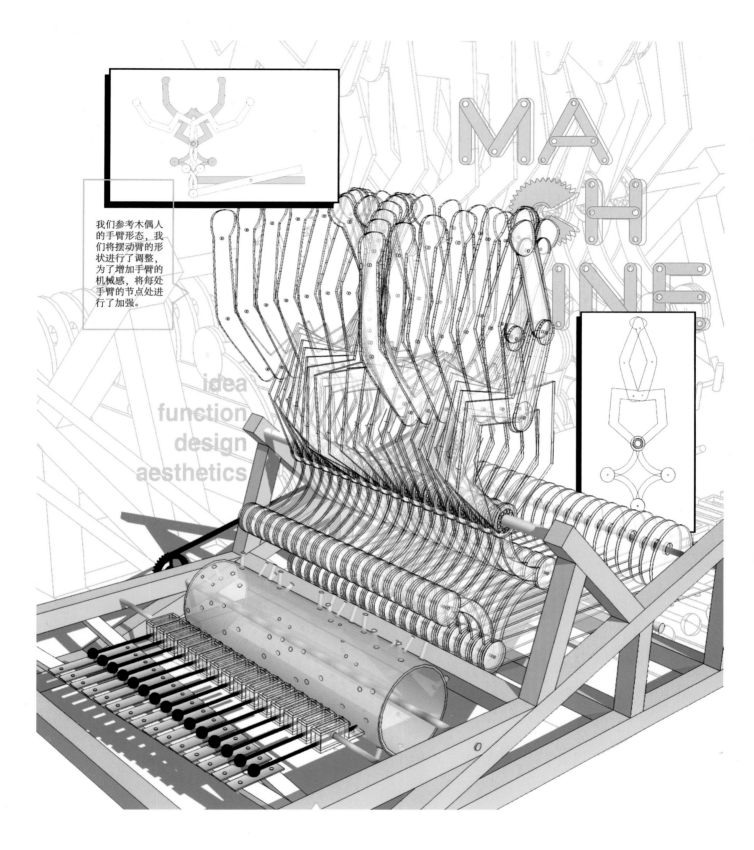

我们参考木偶人的手臂形态，我们将摆动臂的形状进行了调整，为了增加手臂的机械感，将每处手臂的节点处进行了加强。

舞中觅舞
——环境艺术·机械动态互动装置设计

设计师：韦菲、于晓楠、王蕴一

单　位：南京艺术学院

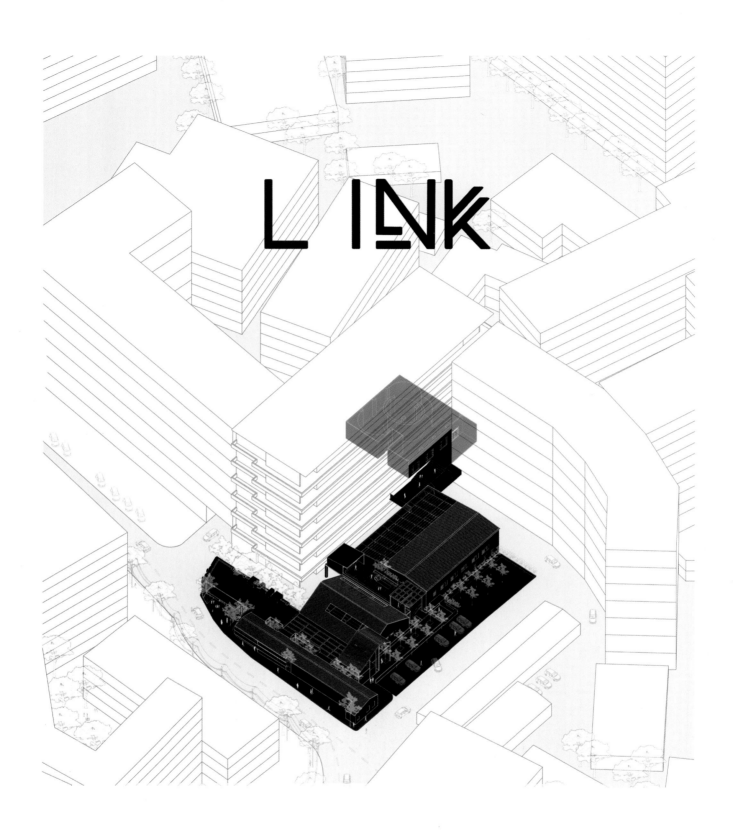

Link
──广印传媒印影体验馆更新改造设计之建筑单体改造

设计师：温盈盈、肖婧、包美林

单　位：华南理工大学

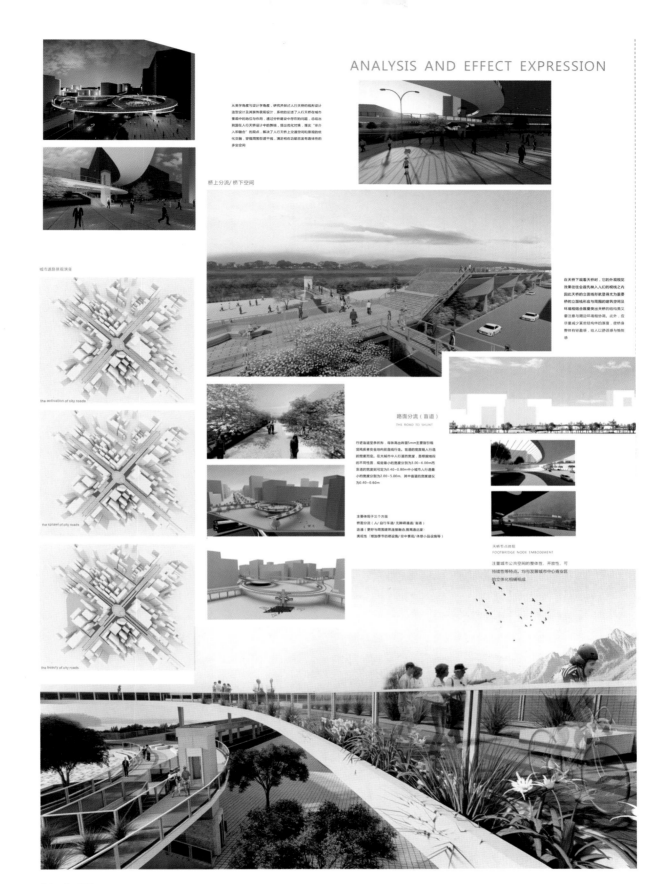

ψ 的启示
——西安小寨十字天桥与道路景观系统优化

设计师：吴斐然

单　位：西安欧亚学院

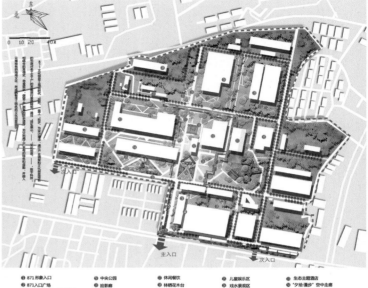

捡影拾岁
871文化创意工场设计
CULTURAL CREATIVITY FACTORY DESIGN
东
北
0 10 20 40米
次入口
主入口
次入口
❶ 871形象入口
❷ 871入口广场
❸ 昆重历史展馆（博物馆前馆）
❹ 穿影长廊
❺ 园区服务中心
❻ “穹苍遗梦”中心工业广场
❼ “穹苍遗梦”工业雕塑
❽ 科技休闲广场
❾ 中央公园
❿ 拾影廊
⓫ 博物馆
⓬ 时代商城
⓭ 民俗创意体验馆
⓮ 数字科技体验馆
⓯ 民俗文化演艺馆
⓰ 商业景观广场
⓱ 休闲餐饮
⓲ 林栖花木台
⓳ 创意集市
⓴ 落影景观广场
㉑ 工业艺术长廊
㉒ 创意空间
㉓ 主题摄影坊
㉔ 青年创业孵化中心
㉕ 儿童娱乐区
㉖ 戏水景观区
㉗ 主题茶室
㉘ 室内运动俱乐部
㉙ 室外极限运动区
㉚ 漫步彩云端
㉛ 主题餐厅
㉜ 农耕体验园
㉝ 生态主题酒店
㉞ “夕拾·漫步”空中走廊
㉟ 多肉观光园
㊱ 捡影风林（装置艺术）
㊲ 停车场
㊳ 自行车租赁处
项目概况：
871文化创意工场原名云南冶金昆明重工有限公司，位于昆明市北市区龙泉路871号，占地面积815亩（其中东生产区640亩、西生产区125亩、运修公司 50亩）。气候四季如春，交通便利，距离老城中心区需约25分钟，火车站约30分钟。面对国有企业的改革浪潮，昆重同样面临着转型发展的需要，昆重既作为近代工业遗产，又是昆明城市发展的缩影和写照，将传统历史文化与现代科技相结合，对城市文化继承的同时增加了经济价值。因此文化创意产业的融入，是昆重转型发展的主要方向。昆重工业气息浓厚，红砖式厂房建筑颇具年代感，但缺乏独具特色的景观景物，自然景观景物较为单调，景观尚不成系统。因此，昆重在规划发展上具有很大的空间。
设计定位
设计将871文化创意工场打造为省级的以工业为主题的高端文化创意园区。昆明市集办公、生活、娱乐、休闲为一体的地域性主题文化创意园。昆重空间格局分明，场房规模宏大，历史文化沉淀深厚，相较于国内许多文化创意产业园的前期基础资源优越，因此，有望打造成国家级高端文化创意工场，为昆明文化创意注入新的活力。项目场地的规模巨大，自身就带有自己内部的公寓、学校等，因此设计将定位于集合办公、生活、娱乐和休闲等多重功能的综合创意园。当然，既要做到文化创意的提升，还要注重地域性、特色性的融合，遵循地域文化原则和生态保护原则，打造成“到中国看云南、到云南看昆明、到昆明看871”的地域性主题文化园。
战略分析
发挥地域优势、民族优势、构筑文化创意品牌优势，打造成昆明特色文化创意工场，力求成为全国文化创意产业中心之一。在昆明经济社会中发挥聚集、辐射和带动作用，使遗忘的昆明重机厂西生产区将迸发出新的时尚活力，成为令人瞩目的新型文化创意交流中心。未来，这里还会融汇更多新鲜时尚的文化创意元素，新旧元素的混合重组历史遗产与文化创意的结合，高科技与复古潮流的碰撞，将迸发出最好玩的创造热情，这里将成为在互联网时代下最有活力和科技含量的文化创意园区。
空中游线
总建筑层
道路游线
绿化层
景观节点分析图
次要景观节点
主要景观节点
景观环线
景观视线分析图
观景视线
人流分析
栈道入口
交通分析图
“拾影园”
拾影园位于景观轴带的右端起始位置，在原来公园的基础上进行了扩建，与博物馆紧密相连，大量保留了原址上的花木植被。设计规划上采用了后现代的手法，在原有传统的公园形式上进行了打破，形态上增加了不规则的切割图案和线条；色彩上以锈板和红砖投射出来的暖黄色调为主，在入口广场处添加一笔大红色破除沉闷；元素上主要采用了锈板、钢材和镂空钢板，一直延续到博物馆，与红砖元素做一个承接。中央公园入口处用红色工字钢设计了一个入口形象装置，蜿蜒的形态排布，隐喻了昆重曲折的历史进程，同时竖向的起承转合，丰富了景观视线。沿着红色工字钢深入，是以钢架构筑起来的甬道长廊，一直蜿蜒延入到博物馆。新规划设计的中央公园，在新旧的舍弃之中，给人们一种风景旧曾谙，寓意日日新的效果。

“捡影拾岁”
——871 创意文化工场设计

设计师：吴建武、肖思艳、赵然、袁鹤文、查裕晟、文焜鹏、杨丽、梁雪琪、沈晓倩、
李旭明、计淑祥、吕爽玲、吴丹、王玮琳、邓佳蕾
单　位：云南艺术学院

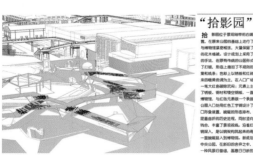

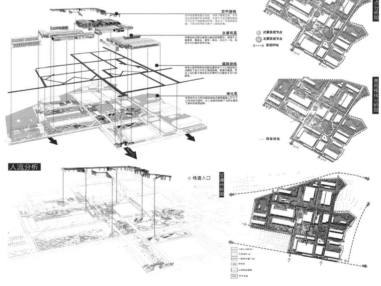

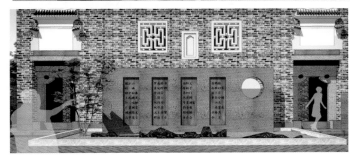
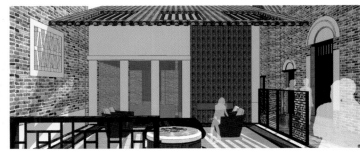

原有建筑与景观环境有机结合景墙效果

设计范围

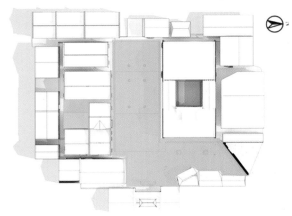

永州新田谈文溪村公共空间改造计划

设计师：伍景、张中阳

单　位：长沙理工大学

作家用文字书写情感，音乐家用音符表情达意，而空间设计师也有自己的语言。这其中的共同点就是，我们都同样拥有情怀，我们感知环境，表达对所达之地，所至之景的情感感受。荷塘村独特的喀斯特地貌，以及被群山围绕而形成强烈的包被感，使这里拥有与生俱来的"场所感"。在如此的场所设计精品度假酒店，除了满足游客的物质和功能需求，更多的是要使建筑本身与特定场所中的经验交织在一起，从而超越物质与功能的需要。使建筑与场所达到一种经验的联系，一种诗意的联系。

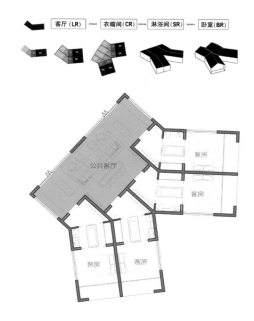

"对话群山"
——荷塘村精品度假酒店设计

设计师：谢天豪

单　位：广州美术学院

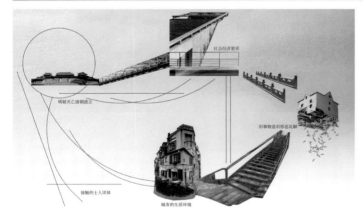

社会经济繁荣

明朝灭亡清朝建立

旧事物急迫形态瓦解

接触的士人团体

城市的生活环境

研究背景及意义

李渔生活在17世纪的前中期,当时的中国经济发展迅猛,"重本抑末"这一封建社会长期奉行的经济政策已经被动摇,貌商的观念逐渐被遗弃,商人被热捧。

随着商人们阶级地位的改变广大民众心态也随着发生了较大的变化,拜金主义思潮冲击着明末清初传统的封建社会一种全新的价值观逐渐渗透至思想界、文学界,形成了一般新的社会风气和新的文化思潮。

这一时期,中国的思想界、文学界也处于重要转型阶段。由于明朝时期的开明思想百姓大多安居乐业,社会财富增长迅速,至晚明时期,社会的两极分化日趋严重,但当时的工商业蒸蒸日上、制造业初现端倪、人口繁衍兴旺,都市化的生活状况日趋明显,尤其人们对于金钱、财富,奢华生活的看法产生了巨大的转变,大大背离了传统儒家偏导的主流价值观在生活上追求奢靡与舒适在精神上追求闲情与享乐,衣物饰物及化妆饰品追求流行与时尚,在家居置物上追求华丽与个性。

同时伴随着工商业的兴起与科技革命对经济的发展,民众识字率的显著增高,文化业与传媒业也比较发达,出版业日益兴盛,知识分子开始普及与文学家、思想家,造物活动家广泛利用大众传媒将文学理论的重点转向了个人主义和现实主义,所有的这一切,都为当时的思想革命和文学革命提供了物质和社会条件。

这些对于人们认识人生、家庭、生活、享乐、工作都有着酶蓄性的影响,当所有的这些变化达到顶峰,就共同为产生一个新的社会与一个强调进步、经商、科技、物质设备的新的社会的思想世界提供了条件。

李渔的造物思想与实践显然已走在那个时代的前列,值得我们回味和思考。李渔留下了大量的文学作品和造物资料,特别是《闲情偶寄》一书让我们感触到了李渔在造物实践与造物思想中的精髓,揭示出他己拥有近似与现代设计的思维和方法,虽然李渔这样的设计还处于自发阶段,但其对于现代设计的启示意义却值得我们借鉴和思考。

李渔生平

研究对象及概念界定

研究对象:在我国的古代设计史上,李渔是少有的全才,不仅在戏剧、文学、养生、饮食等卓有成就,而且在器玩、居室、园林、修葺设计方面也有突出的贡献。李渔是具有国际性影响力的人物,他在世时已名扬四海,他的影响早就走出了国门,蜚声海外。他的著作被翻译成日、英、俄、德、法等多种文字并广泛传播,其集文学理论、美学、营造学、饮食学为一体的综合性专著《闲情偶寄》在国外有多种分章译本。其戏曲成就在世界上与莫里哀媲美,有关于文学批评的手法基本和古希腊哲学家亚里斯多德公元前一公元前的不朽学论文诗作《诗学》中提出的标准相符。甚至有过之而无不及。由于李渔杰出的文学和艺术成就,以及国内外众多专家学者的推崇、译介与批评,李渔及其作品已成为世界文化的共同财富,所以从艺术设计学科的角度来认识李渔、研究李渔的造物思想尤重而致远。

研究过程

第一对李渔所处历史时代及其《闲情偶寄》产生时的经济、政治、文化背景进行介绍。包含李渔的个人生平、著述等与李渔的相关人文史事。

第二介绍了李渔一生所设计的造物活动以及李渔所处时代的造物艺术发展重点对李渔的造物思想特征做了全面的确述。

第三李渔造物的自然生态观,对于李渔造物活动中的人工造物与自然之道的生态观,以人为本与自然和谐的哲学观以及"天人合一"的造物思想及其理念进行了系统的论证。

第四李渔造物思想的功能观,对李渔造物"置物但其适用","物以为用"的功能型上观进行剖析。

第五李渔造物思想的审美观,对李渔造物的崇尚技艺、精于形态、归本自然,造物唯美的造物审美观进行剖析。

第六李渔造物的娱乐思想,对李渔造物所体现的以新奇为乐、以性情为乐、以寓心为乐的行乐造物思想形象进行剖析,阐述李渔造物思想对传统儒家"礼"文化的继承与对传统禁欲主义思想的突破。

第七李渔造物思想的综述及其对当代设计艺术与生活态度的启示。

明清文人的生活艺术空间营造

设计师:谢文灵、祝思琦

单　位:华中师范大学

餐厅总流线 Stream line

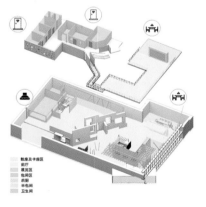

主流线
次流线

功能分区 Sectorization

散座及卡座区
厨房
展览区
包间区
后勤
半包间
卫生间

爆炸分析图 Space disassembly

从空间爆炸图能看出，墙在空间中不同节点发挥着不同的作用，引导着人们在空间中的行进流线，散发着墙体自身独特的文化魅力和场所精神属性。

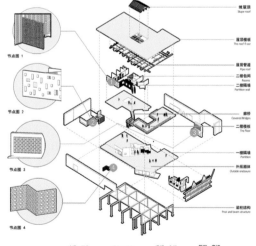

节点图1
节点图2
节点图3
节点图4

坡屋顶
Slope roof
屋顶楼板
The roof 的-cor
屋顶管道
Pipe roof
二楼包间
Rooms
二楼隔墙
Partition wall
廊桥
Covered Bridges
二楼楼板
The floor
一楼隔墙
Partition
外拓隔体
Outside enclosure
梁柱结构
Post and beam structure

冷漠、工业   现代、工业   温暖、自然   怀旧、亲切

水泥   黑色金属   原木   红砖

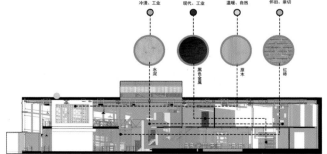

厚墙·后墙
——叙事视野下的餐厅空间建构

设计师：熊若兰、黎浩彦、李轩昂

单　位：南京艺术学院

GENERAL LAYOUT

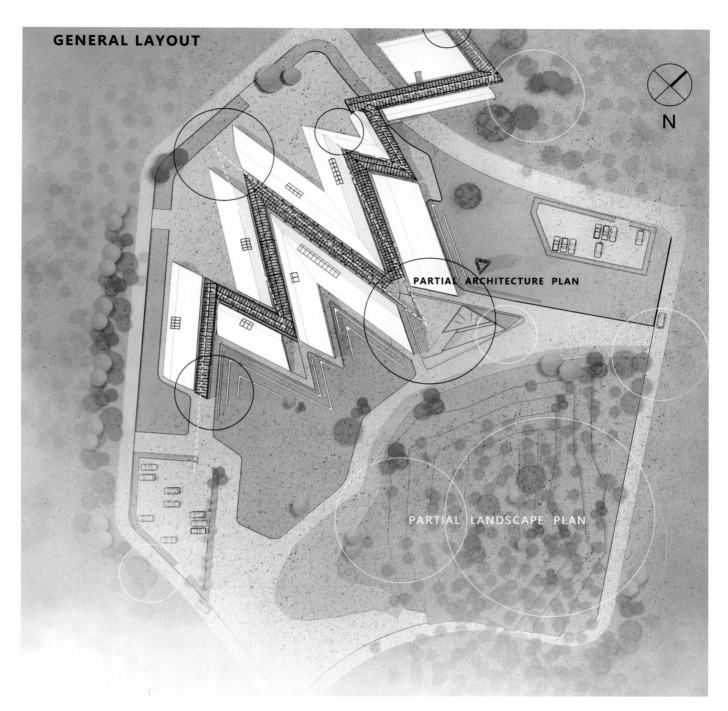

N

PARTIAL ARCHITECTURE PLAN

PARTIAL LANDSCAPE PLAN

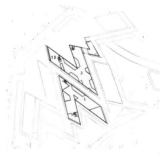

之里·之外
—— 西安美术学院长安校区美术馆设计

设计师：闫煜笛、迟夏雪 、耿宁

单　位：西安美术学院

"洋溢"
——石膏体验馆设计

设计师：羊艺、于叶、张艺

单　位：南京艺术学院

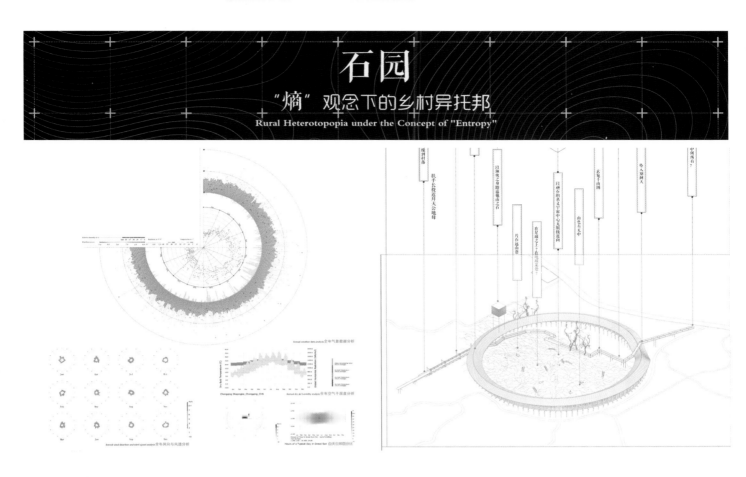

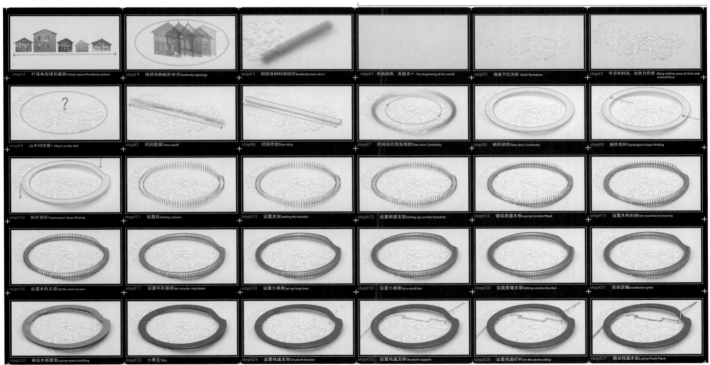

石园·"熵"观念下的乡村异托邦

设计师：杨锋

单　位：四川美术学院

給脉

金柚农场乐园

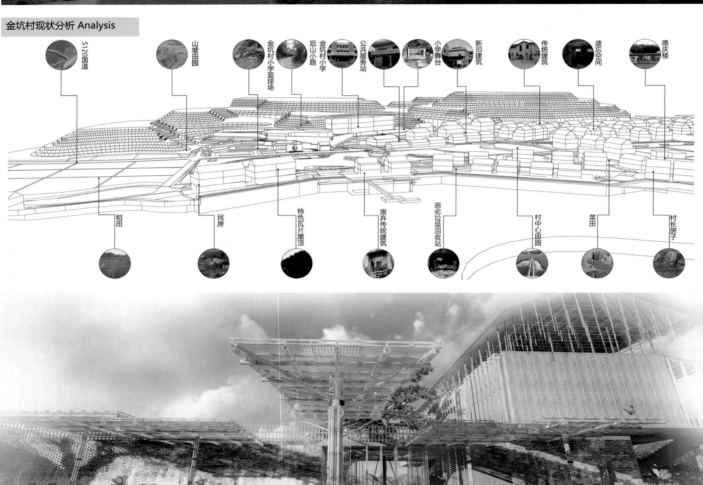

金坑村现状分析 Analysis

S120圃道　山坡田园　金坑村小学篮球场　后山小路　金坑村小学　公共服务站　新旧建筑　小学舞台　传统建筑　遗忘空间　德庆楼

稻田　民房　特色瓦片屋顶　废弃传统建筑　恶劣垃圾回收站　村中心田园　菜田　村长房子

給脉金柚农场乐园

设计师：杨桂炜

单　位：广东省集美设计工程有限公司

建筑南立面图

建筑东立面图

敖鲁古雅
——内蒙古呼伦贝尔市金河镇鄂温克族旅游景观设计

设计师：杨海龙、蔡璐筠

单 位：天津美术学院

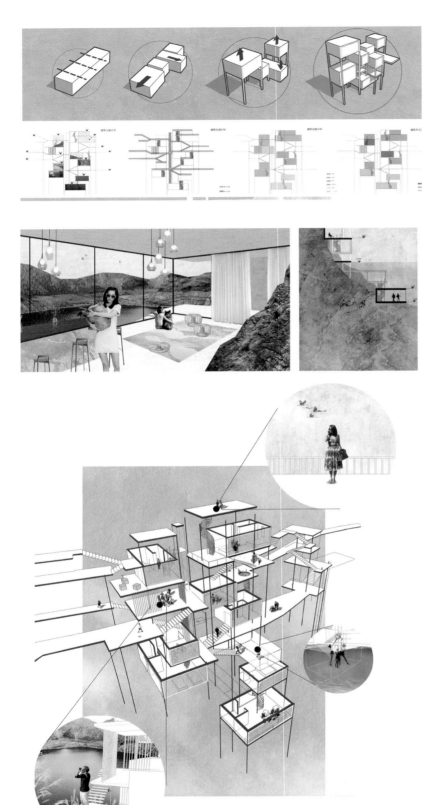

壁上观
—— 歌乐山矿坑遗址景观建筑再造

设计师：杨曦

单　位：四川美术学院

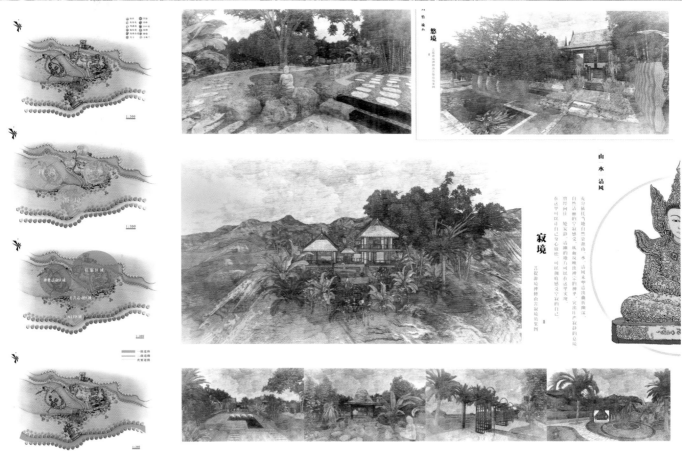

菩提源境禅修山舍

设计师：杨雅淇、刘弋莉、陆馨怡、李松俊、宋丽艳、高茂棋、查丽桃

单　位：云南艺术学院

墟市

设计师：杨志忠、李娜

单　位：西安欧亚学院

光·雕塑 | RAIN BOAT DOCK

雨·码头 | RAIN · BOAT DOCK

雨·路 | RAIN · ROAD

2583

设计师：叶浚熙、勒世浔

单　位：深圳大学

Present situation 现状

Behavioral activity 行为活动

琼"楼"绿宇
——高层生态绿色建筑

设计师：于洪馨

单　位：辽宁科技大学

"云阶"梯田民居民宿改造

设计师：于慧洁

单　位：东北师范大学

彳亍山水间
—— 方圆滋养者

设计师：于洋

单　位：鲁迅美术学院

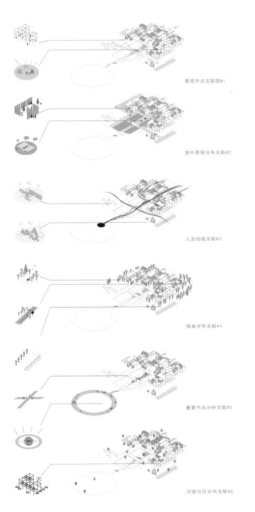

景观节点关联图#1

室外景观分布关联#2

人流动线关联#3

植被分布关联#4

重要节点分析关联#5

功能分区分布关联#6

凝老铸新
——古建空间的生长与衍生

设计师：张晋鲁、杨楚楚

单　位：南京艺术学院

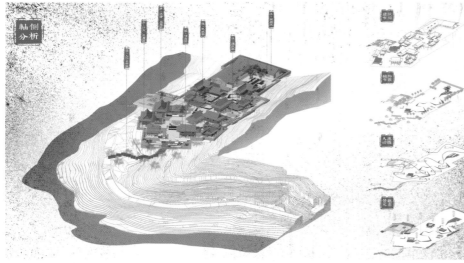

"匠心传承·雨林守望"
——傣纸传统手工造纸合作社空间活化设计

设计师：张力凡、银婧

单　位：四川美术学院

悬壁上的记忆

——重庆抗战兵工旧址改造

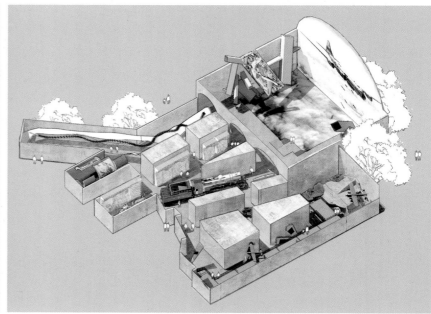

悬壁上的记忆
—— 重庆抗战兵工旧址改造设计

设计师：张蔓琳、王梅琳

单　位：四川美术学院

隐蒲映画
——浙江金华市山下鲍村景观规划概念设计

设计师：张念伟、侯聿炎

单　位：湖北大学

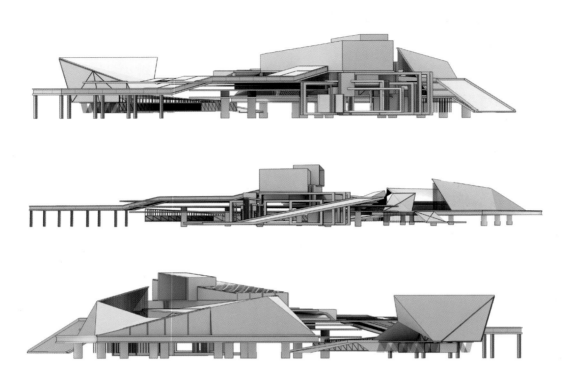

悠源
——沈阳汗王宫遗址改造

设计师：张诗纯

单　位：鲁迅美术学院

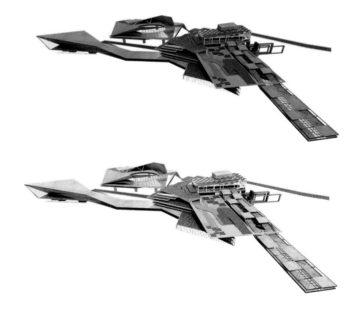

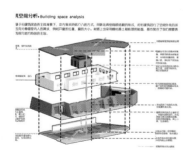

初面
——地域性面食文化馆设计

设计师：张松涛、欧幸军、苗晏凯

单　位：中国矿业大学

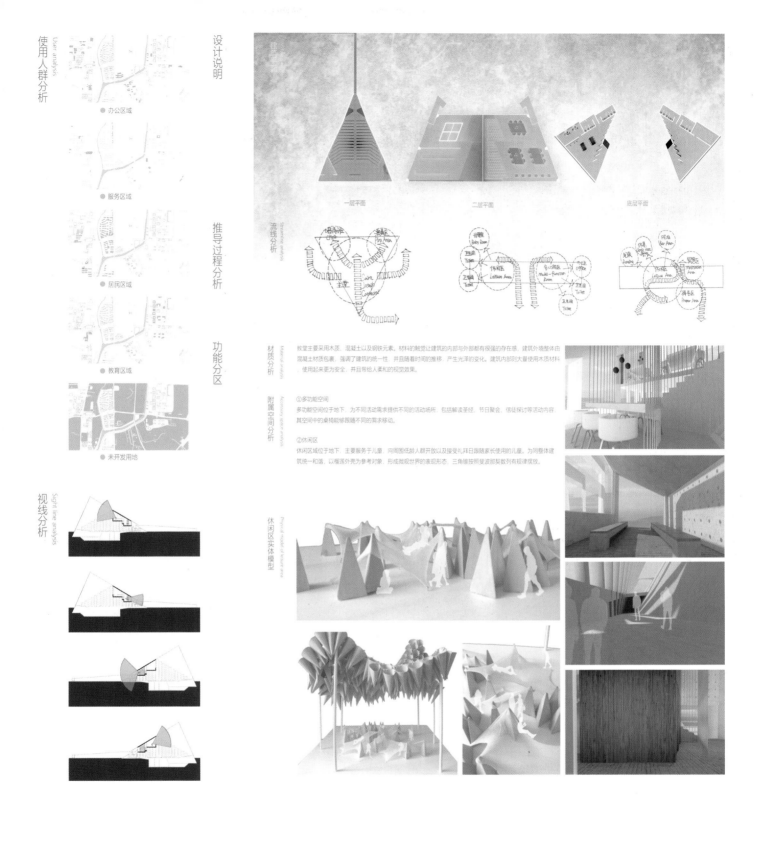

青岛王家下河白隙基督教徒建筑空间设计

设计师：张雪薇

单　位：山东建筑大学

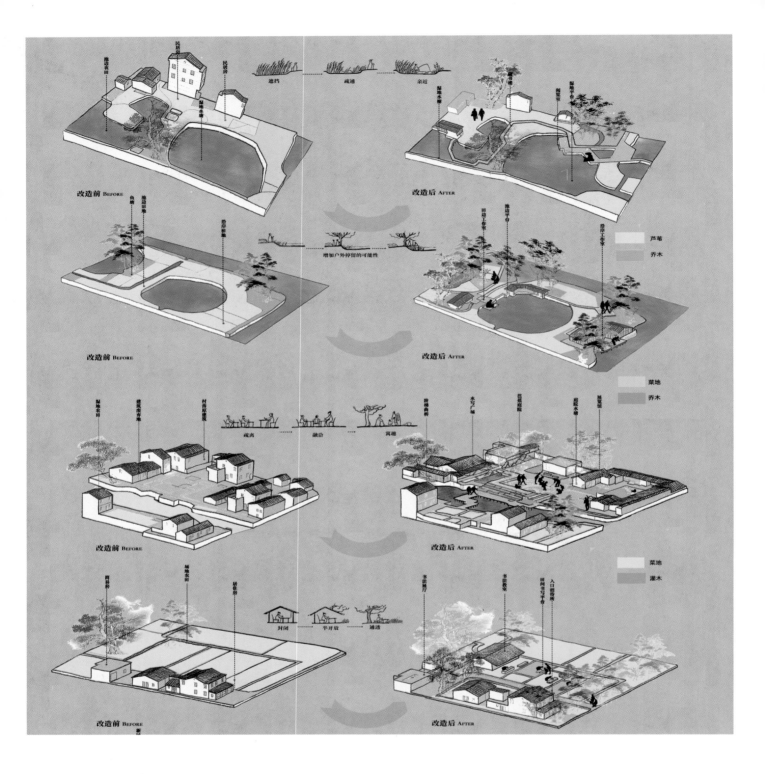

改造前 Before　　　改造后 After

遮挡　疏通　亲近

增加户外停留的可能性

改造前 Before　　　改造后 After

芦苇
乔木

疏离　融洽　寓趣

改造前 Before　　　改造后 After

菜地
乔木

封闭　半开放　通透

改造前 Before　　　改造后 After

菜地
灌木

翰墨园
——南浔乌盆兜水墨园

设计师：章田雨、郑蕾蕾

单　位：中国美术学院

功能模式图 | Functional model

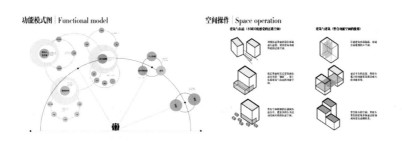

空间操作 | Space operation

轴测图 | Axial side diagram

黑胶系统爆炸图 | Exploding diagram

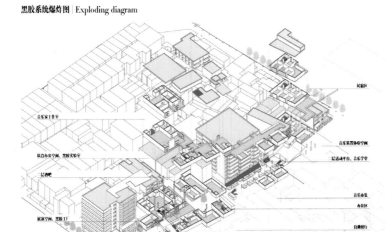

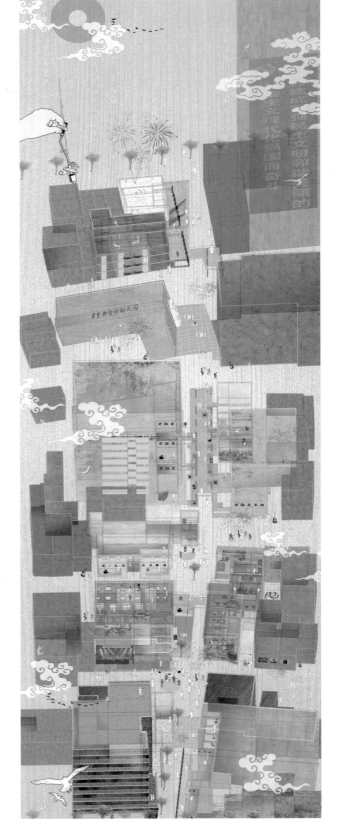

Vinyl Party
——陶街音乐社区更新设计

设计师：赵旭波

单　位：广州美术学院

BUS 旅行改造

设计师：郑妙婕、苏星同

单 位：华中师范大学

澳门望德堂历史街区 2076 更新活化计划

设计师：周雷、赵晶、周海彬、陈静媛、杜怡濛

单　位：澳门城市大学

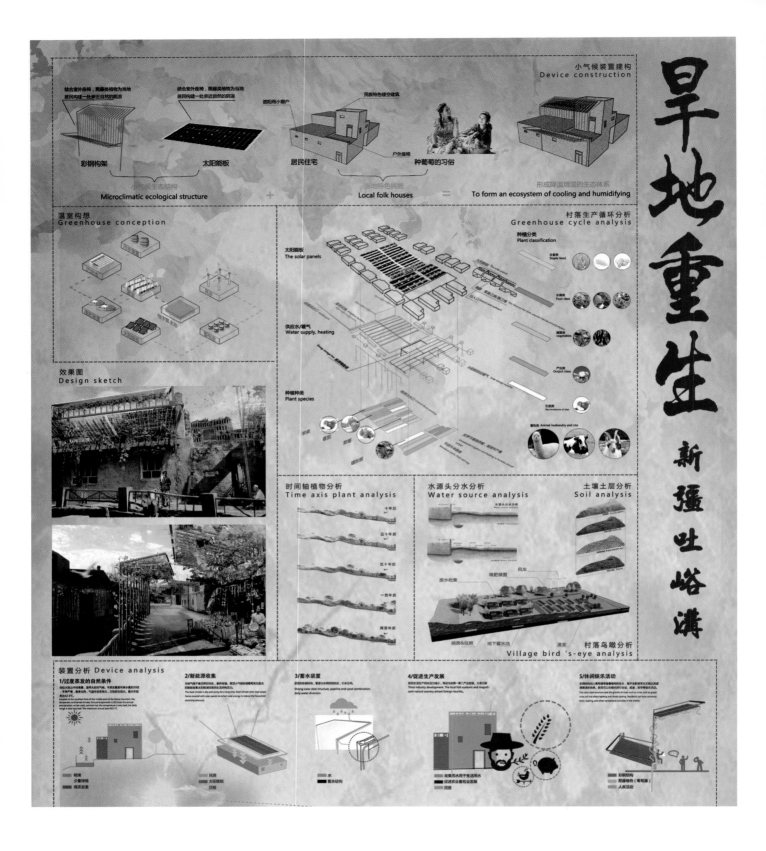

旱地重生

——新疆吐峪沟村落改造

设计师：周启明、邹咏忱、刘斯琪

单　位：新疆师范大学

"翼"空间

设计师：周永泽、朱浩旸、吴浛宁、吴圆圆

单　位：南京艺术学院

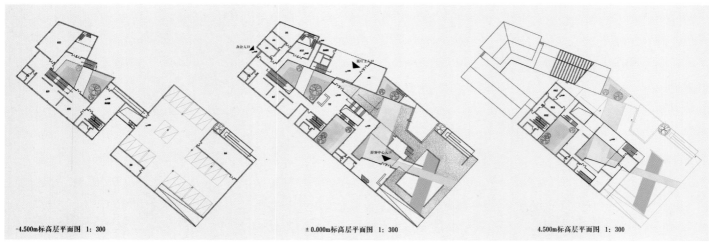

-4.500m标高层平面图 1：300　　　±0.000m标高层平面图 1：300　　　4.500m标高层平面图 1：300

芝英古麓街的叙事性空间设计
——来自"寻根"电影的影像思考

设计师：周园园

单　位：上海大学

千百年来，在农耕文化与地理环境的影响下，我国的西北乡村有着丰富且多样的住居形态。在当代会变革的冲击下，面对价值观念、生活方式的深层变化，这些住居形态被破坏严重，甚至开始逐渐消，再加上贫瘠的乡村环境，导致农村青壮年劳力大量外出务工，西北乡村经济的振兴与发展岌岌可危。

废弃？

置生？

舌还有存在价值？

舌还有新的样貌可被挖掘？

动与变化
INLIGHT ANALYSIS
自2000年至2014年，我国自然村由363万个锐减至252万个，14年间减少了110多万个，平均每天消失80100个，其中包含大量传统村落。不少调查和统计说明，大规模拆迁、自然灾害和农村成为传统村落消失主要原因。如今古村落的主体也在流失，导致传统建筑无人维护，传统文化无人传承，村落发展举步

From 2000 to 2014, China's natural villages have been reduced from 3 million 630 ousand to 2 million 520 thousand, with a decrease of about 1100000 in 14 years, with average of 80 to 100 perday, includ ng a large number of traditional villages, Many reys and statistics show that large-scale demolition, natural disasters and rural 'llowing out" have become the main reasons for thedisappearance of trad tional villages awadys, the main body of ancient villages is also losing, resulting in no maintenance of iditional architecture, and no traditional culture has been inherited

363万个 2003　**332**万个 2008　**271**万个 2013　**231**万个 2018

乡村探索和实施

窑洞认知
ANCIENT VILLAGE INVESTIGATION

洞简介
RANSFORMATION OF CAVE ELEMENTS
随着经济的不断发展以及城市进程的加速，我国西北地区传统的地域文化正受到冲击，西北窑洞逐渐当成是我穷落后的代名词，社会不断发展，目前窑洞居民住功能的地位正在受到商品住房的严重挑战。除了多被废弃的窑洞之外，大部分留的窑洞只被单纯的用做旅游建筑红色圣地窑洞和黄土风情文化游等，与同时延安市许多公共建筑也缺乏陕北地区的地域特色，窑洞发展在西北地区正处于一个尴尬的境地。弃建房的现象越发普遍，窑洞建筑正在逐斯消亡，

With the continuous development of economy and the acceleration of the urban process he traditional regional culture in Northwest China is being impacted, and the northwest ve is gradually regarded as a synonym of poverty and backwardness, and the society ntinues to develop. At present, the status of the residence function of caves is being riously challenged by commercial housing. In addition to many abandoned caves, most the remaining caves are simply used as tourist buildings, red sacred sites, and loess ltural tours, etc. At the same time, many public buildings in Yanundefinedan lack the gional characteristics of northern Shaanxi,

总平面图
GENERAL PLAN

西北地区窑洞民居记实
THE PRESENT SITUATION OF THE CAVE IN THE NORTH OF SHAANXI

乡村城镇化快速发展，西北大量地区损毁的现象相当严重。有时，几乎整个村落都"人去窑空"西北窑洞逐斯被当成是贫穷落后的代名词。在西北，窑洞由于长期单纯的自然发展而暴露出日益严重的缺陷，如采光较差、通风不良、潮湿等，已经难以适应现代生活的需要。随着新农村建设的不断深入，人们开始急切地弃窑购房或弃窑建房，弃窑建房的现象越发普遍，窑洞建筑正在逐斯消亡，西北窑洞的现状堪忧，面临许多严峻的挑战。

The rapid development of rural urbanization, a large number of northwest area damage phenomenon is quite serious. Sometimes, almost the whole village "go to the kiln empty" northwest cave is gradually regarded as poverty and backwardness. In Northwest China, the cave has been exposed more and more serious defects, such as poor lighting, poor ventilation, humidity and so on, because of its long and simple natural development, which has been difficult to adapt to the needs of modern life. With the development of the new rural construction, people begin to abandon the kiln to buy houses or build houses urgently, the phenomenon of abandoned kiln building is more and more common, cave building is dyingout gradually, the present situation of northwest cave is worrying and facing many severe challenges.

363万个 2003　**332**万个 2008　**271**万个 2013　**231**万个 2018　**346**万 2003　**315**万 2008　**271**万 2013　**214**万 2018　**25**% 2003　**40**% 2008　**55**% 2013　**75**% 2018

中国古村落现存数量 | 西北窑洞民居现存数量 | 西北地区农村青壮年外出务工比例
Cave reduction data map in Northwest China | Data map of Chinese Residents | Proportion diagram of population loss in Northwest China

现场调研
FIELD INVESTIGATION

半土·共生
——生土窑洞新民宿综合体设计

设计师：朱芳仪、朱佩琪、高篓篓

单　位：西安欧亚学院

云深知归处
—— 观鸟旅游系列空间节点智能化设计

设计师：朱晓娜、师煦、程祺雯

单　位：四川美术学院

漫漫丛生—建筑的有机衍生

项目类型：特色名宿

概念阐述

1.引入树木的"生长"概念，将植物衍生的生长
方式融入于设计，赋予理性的建筑空间以"野蛮
生长"的茁壮与生命力。

2.重新思考自然与建筑的共生关系，模糊建筑与
自然的边界，创造出一个随着游走而有趣味内部
感知的空间体验，让虚与实、以与外、自然与观
众进行交流和融合。

3.探寻"隐士"生活的可能性，我们希望这个建
筑能够成为现代前，城里地，让心灵疲惫的都
人们能够在此卸下防备的平静，贴心体会与自
然交流感的乐趣。

漫漫丛生
——建筑的有机衍生

设计师：朱云、徐冰清

单　位：南京艺术学院

三顾书屋

设计师：庄科举、刘文丽、袁玉环、徐冻

单　位：长春理工大学

专业组

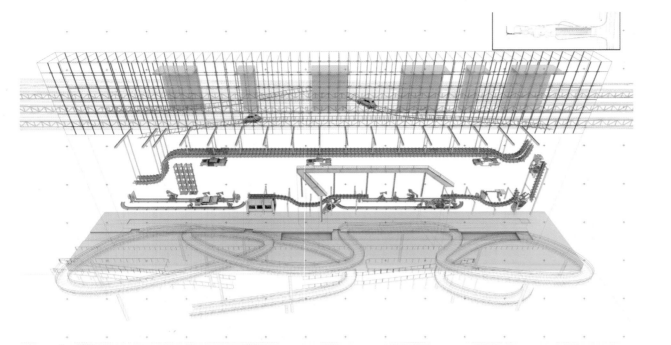

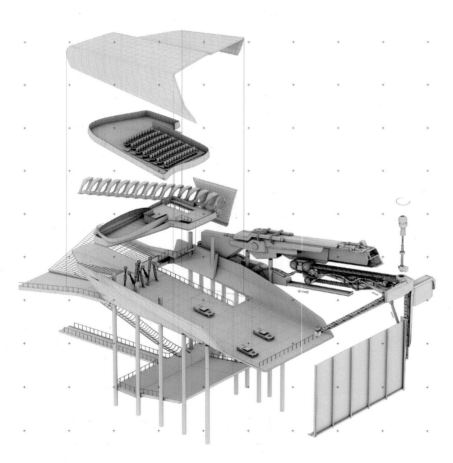

纽约汽车博物馆

设计师：艾登

单　位：深圳大学

广州美国人国际学校礼堂装修工程装修设计项目

设计师：蔡敏希

单　位：广州维川设计有限公司

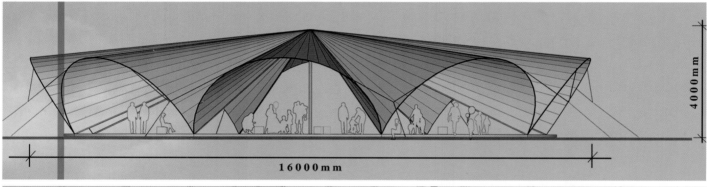

重·构
——难民营里的常态化生活

设计师：操宛霖、刘湜

单　位：鲁迅美术学院

色彩总谱

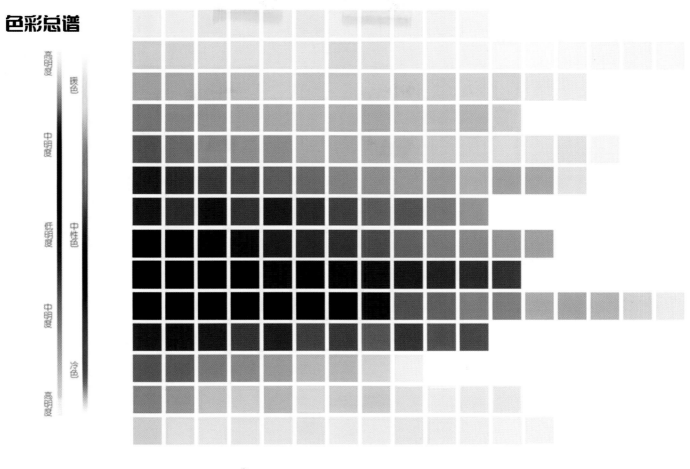

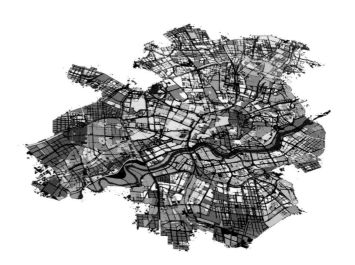

沈阳市城市色彩总体规划设计

设计师：曹德利、卞宏旭

单　位：鲁迅美术学院

东莞永正书城

设计师：曾卓中、冯宇彦

单　位：广州市汇祺建筑装饰设计工程有限公司

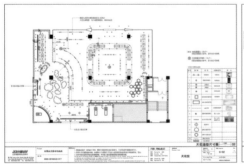
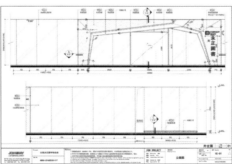
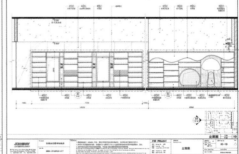

江门 KARL CLUB

设计师：陈炳坤

单　位：广州韦利斯室内设计有限公司

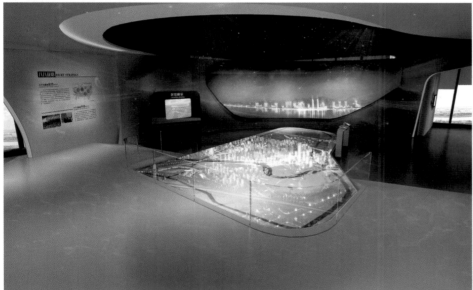

宁波高新区展厅布展装修工程

设计师：陈锻、黄颖堂

单　位：广东省集美设计工程有限公司

更新 / 创新
——万科云城创意样板房空间设计

设计师：陈鸿雁、袁铭栏

单　位：广州美术学院

双龙巷文化街区 A7A8 院落

设计师：陈华庆

单　位：广东省集美设计工程有限公司

锦龙国际酒店

设计师：陈洁平、黄可超、陈秋城、佘雁群

单　位：广东省集美设计工程有限公司

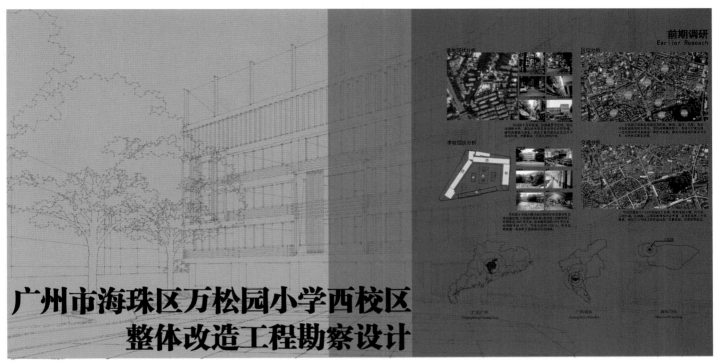

广州市海珠区万松园小学西校区
整体改造工程勘察设计
——面向自然、社会、未来的窗口

广州市海珠区万松园小学西校区整体改造工程勘察设计

设计师：陈洁琦、黄毅源、陈志毅、钟水源

单　位：城外建筑设计有限公司

川美大学树信仰空间与公共文化服务可行性研究

境

artistic

意境：

境界：

境
——四川美术学院大学树信仰空间与公共文化服务可行性研究

设计师：陈凯锋、张丁丁

单　位：武夷学院

空间装饰设计
Space decoration design

建筑空间成为意识传达的有效界面 Make the architectural space an effective interface
for the communication of consciousness

尝试把平面信息变得更立体 更多变 Try to make the plane information
more stereoscopic, more changeable

星光联盟 LED 照明展览中心

设计师：陈文列、赖晓玲、敖彩鸣、谢锦明

单　位：广东省集美设计工程有限公司

青岛即墨君澜酒店

设计师：陈向京、张宇秀、秦超

单　位：广州集美组室内设计工程有限公司

为适应元阳的气候条件和正地条件，哈尼族传统民居蘑菇房空间结构模凑了那些地气对室内环境的侵扰，减少了对不平整地形进行处理的额外地基。但由于下层主要是饲养牲口和农具陈设，较串习气味的影响严重，而且建筑地屋系不能满足居住使用的要求，因此设计中巧妙的将原有基墙部分地面下挖合理高度，形成满足人体舒适度要求的半地下空间，同时采用现代防水材料对整个建筑进行了封闭式处理，利用现代生态设计技术，在内部堪墙和外部的土砖墙间形成空气间层，保温隔热，降低建筑物使用的能耗，提高人体舒适度。

原舍·阿者科民宿精品酒店建筑设计

设计师：陈新

单　位：云南艺术学院

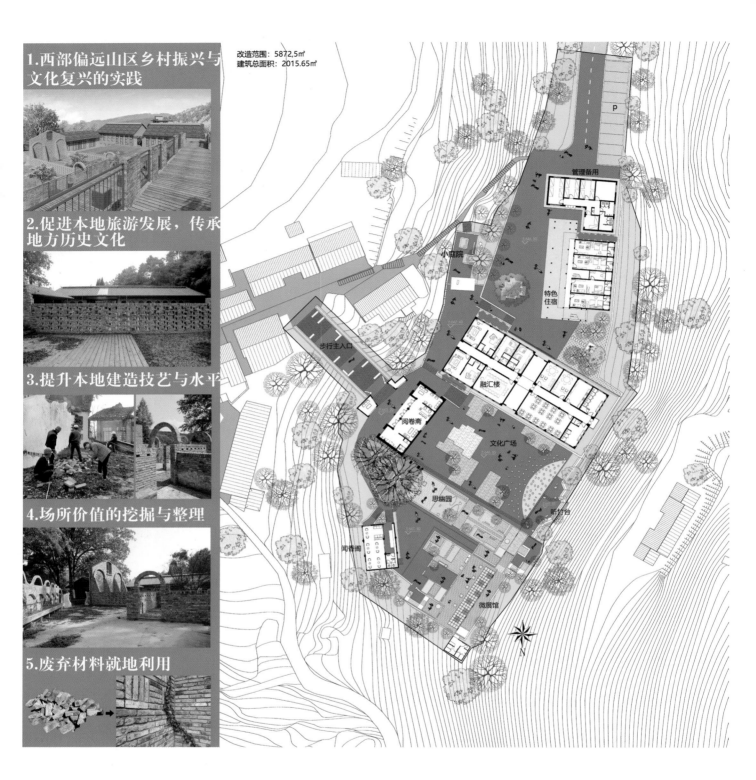

改造范围: 5872,5㎡
建筑总面积: 2015.65㎡

1.西部偏远山区乡村振兴与文化复兴的实践

2.促进本地旅游发展，传承地方历史文化

3.提升本地建造技艺与水平

4.场所价值的挖掘与整理

5.废弃材料就地利用

管理备用

小庭院

步行主入口

特色住宿

融汇楼

阅卷斋

文化广场

思幽园

听竹台

闻香阁

微展馆

N

废弃空间价值的适应性再利用策略探寻
—— 以重庆市梁平区竹山教育基地遗址更新设计为例

设计师：陈中杰、陈志、王绪斌

单　位：重庆工商职业学院

成都武侯区江安河都市文化休闲街区

设计师：陈洲

单　位：广东轻工职业技术学院

三叶寄情、孝悌承志、乡村振兴
——松阳县吴弄村三叶居民宿设计

设计师：程雪松、汤宏博、王一桢、关雅颂、施才鹏

单　位：上海大学上海美术学院

赫宗周 万邦之方
——周原遗址考古成果展设计方案

设计师：冯长哲、陈轶恺、毛坤卫、李昌峰

单　位：陕西正野装饰设计有限公司

《静观云涌》尺寸：L5000*W3600*H2800mm
材料：不锈钢钣金、不锈钢管

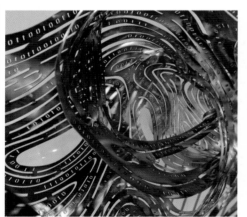

静观云涌

设计师：傅立新

单　位：广州市锐尚展柜制作有限公司

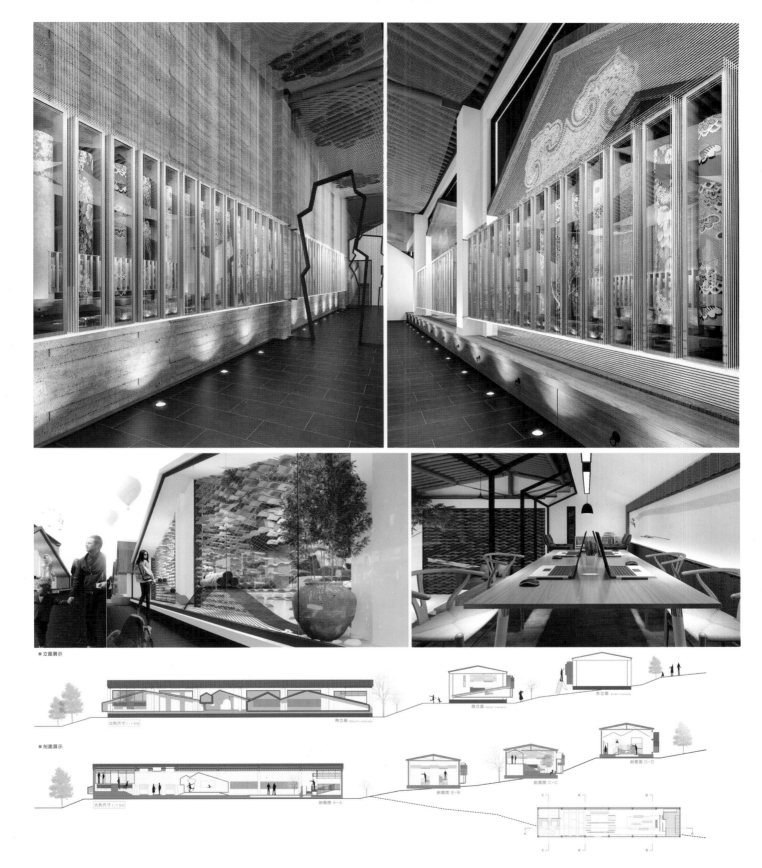

乾泰祥老字号品牌丝绸店室内空间概念设计

设计师：关诗翔、赵紫浩、石砚侨、那航硕

单　位：东北师范大学

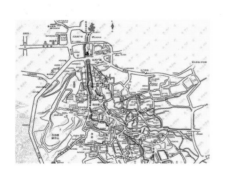

梦丝路小城西街建筑景观规划方案

设计师：关卫婷、高镇波、陈庆鑫、伍少磊

单　位：广州集美组室内设计工程有限公司

黄土魂
——延安民俗艺术博物馆展陈空间设计

设计师：郭治辉、郭贝贝、柳礼峰、郭紫薇、胡楣杰

单　位：西安欧亚学院

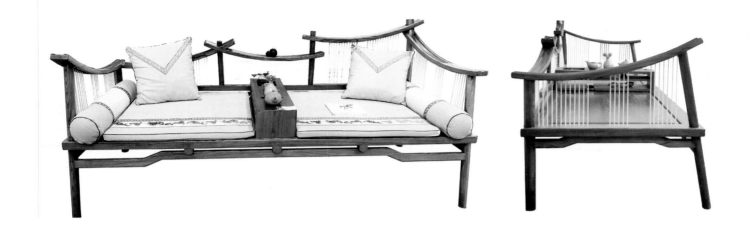

棉线做的弦固定于扶手和榻面预留的孔内

靠背曲线交接处榫卯咬合

榻面底部穿带伸出大边与罗锅枨
如建筑出檐榫头

扶手宽绰，挖凹槽，触感圆洞

弦·筑
——罗汉榻

设计师：郭宗平、李艳华、葛宝珅

单　位：太原理工大学

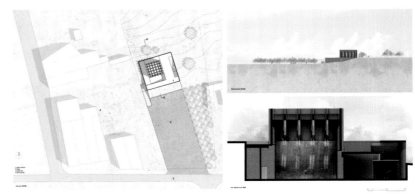

兰萨罗特岛音乐工厂改扩建方案

设计师：何东明

单 位：湖北美术学院

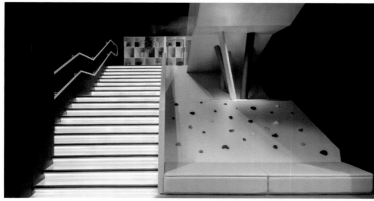

卓越集团教育综合体室内空间设计项目

设计师：何灵静

单　位：广州维川建筑设计有限公司

优选系统框架　AHP System Development

| **Data** 模块及场地数据读取 | **Script** 编程穷举组合方式 | AHP层次分析法优选 | 3DPrint 打印 |

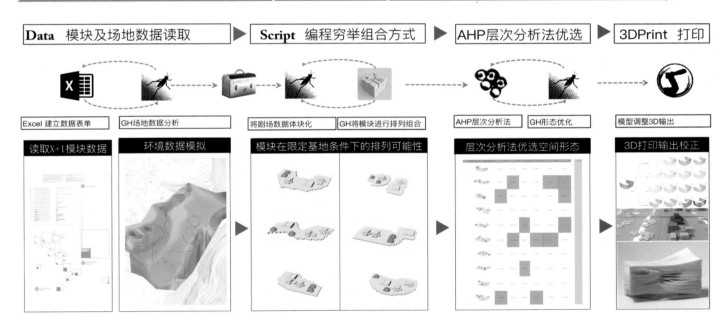

| Excel 建立数据表单 | GH场地数据分析 | 将剧场数据体块化 | GH将模块进行排列组合 | AHP层次分析法 | GH形态优化 | 模型调整3D输出 |

| 读取X+1模块数据 | 环境数据模拟 | 模块在限定基地条件下的排列可能性 | 层次分析法优选空间形态 | 3D打印输出校正 |

沉浸式展演空间的参数化优选设计
——基于参数化优选的研究型设计

设计师：何夏昀、王铬、李芃、张逸云

单　位：广州美术学院

FACE MORE

华远 CHINA CHANGSHA

华中心五期商业项目室内精装修设计服务

设计师：何子昕、罗嘉曦、郑超、刘仕明

单　位：广东省集美设计工程有限公司

保利艺术小镇

设计师：胡大勇、朱猛、刘贺玮

单　位：四川美术学院

SHY 摄影陶艺展示工作室

设计师：胡书灵、于博、杜鑫、于欣露

单　位：鲁迅美术学院

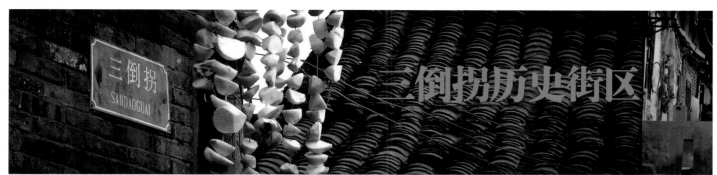

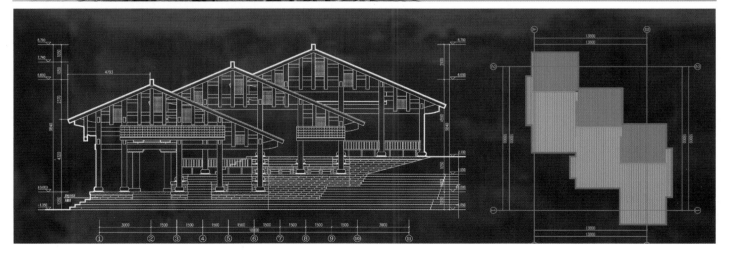

重庆长寿三倒拐历史文化街区保护与更新设计

设计师：黄红春、谢江

单　位：四川美术学院

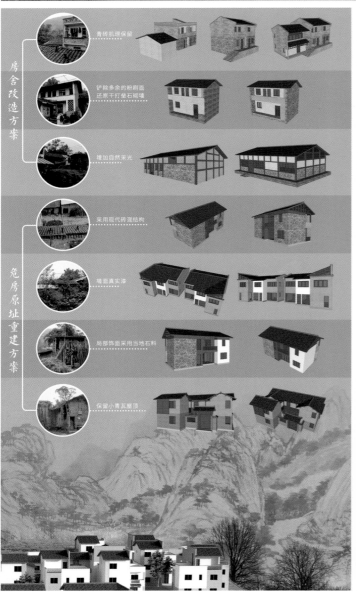

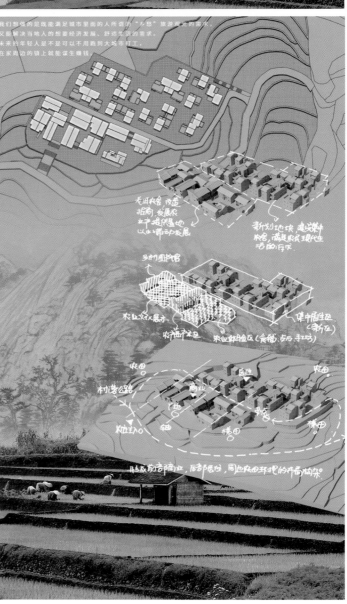

重庆市渝北区兴旺村村落改造项目

设计师：黄洪波、杨逸舟、吴小萱、刘世勇

单　位：四川美术学院

▲ 公建中心北侧小广场夜景

▲ 客房庭院景观

[建筑设计理念]

整体理念：
传统与现代相结合的舒适新原乡建筑
项目建筑的整体设计理念以体现原乡风情为核心，在建筑形式和材料上探寻传统和现代的有机结合，注重休闲度假的舒适性要求，营造传统与现代相结合的舒适新原乡建筑。

古村老房改造：
尊重建筑原貌，功能性与舒适性提升（古而新）
对古村内的保留老房，在尊重其建筑原貌的基础上，利用现代材料，对其进行整修和加固，同时进行功能性和舒适性的提升改造，使之符合现代休闲度假的需求。

古村新建建筑：
与原有建筑风格相统一，突出原乡味道（新而古）
为保证古村内的整体风貌效果，古村内的新建建筑将把现代设计手法与传统建筑形态相结合，使用钢及大面积玻璃的同时，也加入与老房统一的当地材料（夯土、石块等），以烘托古村区域的原乡味道。

新建组团建筑：
结合现代形式演绎休闲原乡建筑形态
古村外围新建组团内的建筑，将较之古村内建筑更为现代的形式和材料搭配，演绎带有原乡风情的休闲度假建筑形态。

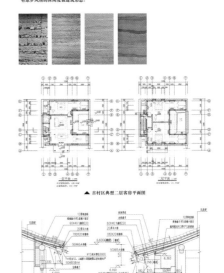

▲ 古村区典型二层客房平面图

▲ 木质立面檐口大样　　▲ 夯土立面檐口大样

古村涅槃
——原乡·塘里度假村规划与建筑设计方案

设计师：康胤、於劲扬、李丽、郑现军、孙昊

单　位：中国美术学院风景建筑设计研究总院有限公司

01.原有空间 02.空间梳理 03.叙事形成

曲阜古建筑博物馆空间展示设计

设计师：孔岑蔚

单　位：中央美术学院

星汇云锦白马办公楼二楼装修工程设计

设计师：赖中铁、郭健能、朱琦聪、陈志华

单　位：广东省集美设计工程有限公司

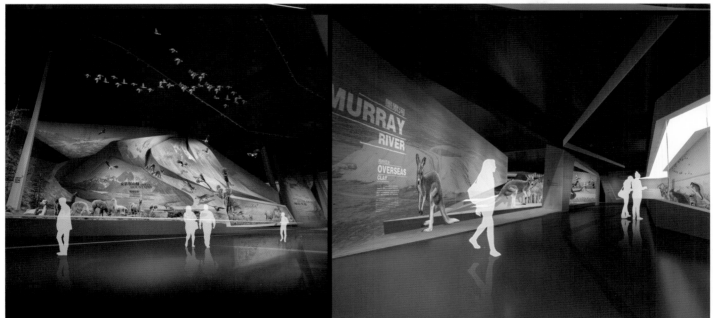

武汉自然博物馆装饰布展深化设计与施工一体化项目

设计师：李超、黄险峰

单　位：广东省集美设计工程有限公司

岭南故事

【项目概况】鹤山博物馆位于鹤山市新城市中心区，项目总建筑面积 2436m²。博物馆建设展示了岭南文化内涵，打造成为鹤山的文化地理标志。本设计以岭南传统文化和现代风格相融合塑造出独特的岭南展陈风格。

鹤山博物馆展示设计

设计师：李光

单 位：广州美术学院

广州泮塘五约村微改造参与式设计（一期）

广州市民用建筑科研设计院（广州市城市更新规划研究院）＆广州象城建筑设计咨询有限公司项目

设计师：李芃

单 位：广州美术学院

海南博鳌机场二期扩建工程国际楼室内装修设计项目

设计师：李晓峰、何灵静、冯肇伟

单　位：广东省集美设计工程有限公司

混合集市空间
——历史街区平江路新型菜市场设计
设计者：李逸斐（深圳大学艺术设计学院环艺系教师）

主入口透视图

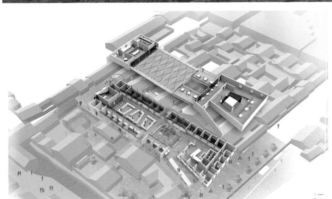

内部中庭透视图

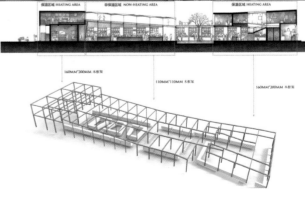

混合集市空间
——历史街区平江路新型菜市场设计

设计师：李逸斐

单　位：深圳大学

生命的第一个爱恋的对象

《孤独·悸》孤独体验馆

设计师：李志刚、赵思宇

单　位：鲁迅美术学院

美园 SOHO 公寓

设计师：练伟全

单　位：广州韦利斯室内设计有限公司

瀛·日式料理

设计师：梁国辉

单　位：东一装饰设计工程有限公司

东南亚风格院子

官溪山庄提质改造项目酒店策划方案咨询服务

设计师：梁国文

单　位：广东集美设计工程有限公司

唐密曼荼罗金莲胎藏国际会议中心设计

唐密曼荼罗金莲胎藏国际会议中心，以金色为主色调，打造融入唐密文化的庄严会议中心。项目的特色优势在于以文化禅修为核心、四大资源为驱动、五大功能为支撑，八大功能分区，旨在创建以"祈福法会、闭关修行、养生疗养、高度会晤、山居度假"为核心的功能体系，打造中华传统文化传播基地。

A-A1剖面图

建筑与凤山天际线、金水河道结合

戒定慧金水桥

五智金刚宝座地宫

原山谷下沉式标准房庭园

一带一路文化传播重要基地
——广西金莲湖风景区景观规划与建筑设计

设计师：梁明捷、蔡展伟、朱琦聪、卞观宇

单　　位：华南理工大学

前台效果图

品牌展示效果图

戈壁中的绿洲·兰州万科城售楼部室内空间设计

设计师：廖红春、刘令贵、郭捷

单　位：西安交通大学

A+ 琶洲创新港

设计师：廖旻

单　位：广东轻工职业技术学院

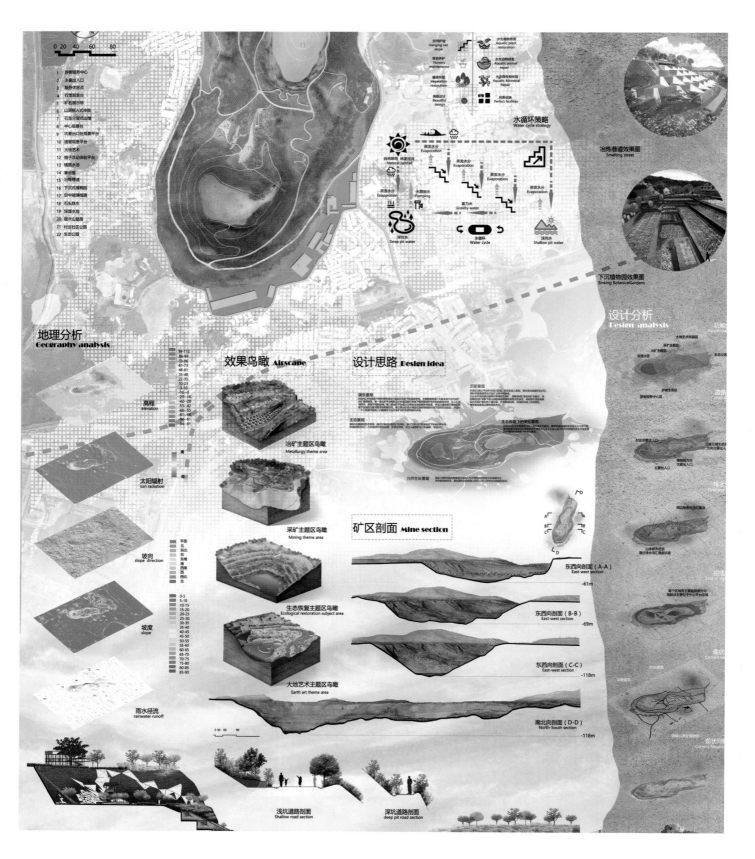

寻找失落空间
——新型城镇化下铜绿山矿区景观设计

设计师：廖启鹏、丁菁、刘欣冉

单　位：中国地质大学（武汉）艺术与传媒学院

八一南昌起义纪念馆展陈设计方案

设计师：林春水

单　位：鲁迅美术学院

广州友利电商园国际青年女子公寓
——向极简主义 100 年致敬

设计师：林慧峰

单　位：广州林慧峰装饰设计有限公司

英翰（国际）幼儿园室内及建筑设计项目

设计师：林泽彪

单　位：广州维川建筑设计有限公司

甘孜州民族博物馆展陈工程建设项目（EPC）
布展工程二期项目（EPC）

设计师：刘冰、沈磊、戴威、周小鹏

单　位：广东省集美设计工程有限公司

夜景鸟瞰图

规划建筑机理图

鸟瞰图

哈尔滨老工业基地旅游综合体设计方案

设计师：刘健、范继军

单　位：鲁迅美术学院

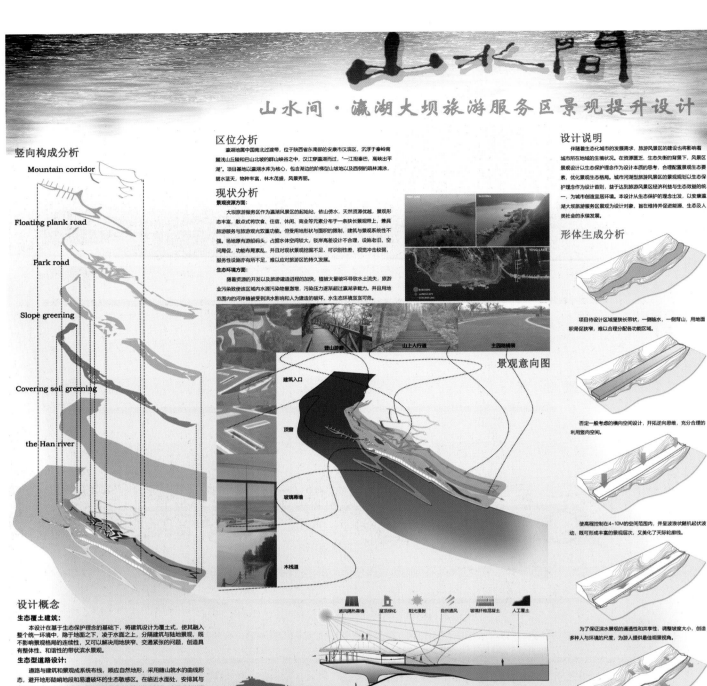

竖向构成分析

Mountain corridor

Floating plank road

Park road

Slope greening

Covering soil greening

the Han river

区位分析

瀛湖地处中国南北过渡带，位于陕西省东南部的安康市汉滨区，沉浮于秦岭南麓浅山丘陵和巴山北坡的群山峡谷之中。汉江穿瀛湖而过，"一江担秦巴，高峡出平湖"。项目基地以瀛湖水库为核心，包含湖边的阶梯型山坡地以及西侧的疏林滩涂，碧水蓝天，物种丰富，林木茂盛，风景秀丽。

现状分析

景观资源方面：

大坝旅游服务区作为瀛湖风景区的起始点，依山傍水，天然资源优越，景观形态丰富，散点式的餐饮食、住宿、休闲、商业等元素分布于一条狭长景观带上，兼具旅游服务与旅游观光双重功能。但受用地形状与面积的限制，建筑与景观系统性不强。场地原有游船码头，占据水体空间较大，竖岸高差设计不合理，设施老旧，空间局促，功能布局杂乱，并且对现状景观挖掘不足，可识别性差，视觉也较弱，服务性设施亦有不足，难以应对旅游区的持久发展。

生态环境方面：

随着资源的开发以及旅游建造进程的加剧，植被大量破坏导致水土流失，旅游业污染致使该区域内水源污染物增多，污染压力逐渐超过瀛湖承载力。并且用地范围内的河岸植被受到洪水影响和人为建造的破坏，水生态环境变友可危。

设计说明

伴随着生态化城市的发展需求，旅游风景区的建设也将影响着城市所在地的生态状况。在资源匮乏、生态失衡的背景下，风景区景观设计以生态保护理念作为设计本质的思考，合理配置景观要素，优化景观生态格局。城市河湖型旅游风景区的景观规划以生态保护理念作为设计首则，益于以旅游风景区经济利益与生态效益的统一，为城市创造宜居环境。本设计从生态保护的理念出发，以安康瀛湖大坝旅游服务区景观为设计对象，旨在维持并促进能源、生态及人类社会的永续发展。

形体生成分析

项目待设计区域呈狭长带状，一侧临水，一侧背山，用地面积局促狭窄，难以合理分配各功能区域。

否定一般考虑的横向空间设计，开拓逆向思维，充分合理的利用竖向空间。

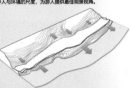

使高程控制在4-10M的空间范围内，并呈波浪状随机起伏波动，既可形成丰富的景观层次，又美化了天际轮廓线。

为了保证滨水景观的通透性和共享性，调整坡度大小，创造多种人与环境的尺度，为游人提供最佳观景视角。

设计在总体布局上呈长狭一字型，平面与地段形状和岸线走向相呼应，且略微向外围出挑，以增加用地的有效面积。

把建筑、道路、景观及小品更能系统化的组织起来，通过对建筑进行覆土式的设计，缓解用地紧张及人流交通布线的局促感，增加游人游憩空间，同时达到生态保护的目的。

景观意向图

建筑入口
顶棚
玻璃幕墙
木栈道

登山廊道　　山上人行道　　主题路铺装

设计概念

生态覆土建筑：

本设计是基于生态保护理念的基础下，将建筑设计为覆土式，使其融入整个统一环境中，隐于地面之下，凌于水面之上，分隔建筑与陆地景观，既不影响景观规划的连续性，又可以解决用地狭窄、交通紧张的问题，创造具有整体性、和谐性的带状滨水景观。

生态型道路设计：

道路与建筑和景观成系统布局，顺应自然地形，采用随山就水的曲线形态，避免地形陡峭地段和易遭破坏的生态敏感区。在临近水面处，安排其与水面的位置关系于近时远，既可减弱道路对水域的不良影响，也可丰富岸线变化。

漂浮亲水栈道：

亲水栈道的生态化设计的出发点就是在保证瀛湖水体尽量免受人类游憩活动干扰破坏的前提下，充分体现亲水功能。考虑到瀛湖水体水位变化较大，因此该栈道的固定方式采用水下交叉抛锚固定，漂浮栈道可随水位落差上下自由浮动。

生态登山游廊：

在基于生态保护理念下的服务登山游廊的设计中，以不破坏山体原有形貌为原则，在山体上架以木制廊架，尽量避开陡崎危险以及生态脆弱敏感的区域，在缓坡处设置休息平台，陡坡处设计错落有致的山地景观。

生态适应性护岸：

"生态适应性护岸"是因地制宜的进行设计的具有自然河岸"可渗透性"的人工护岸，它可以充分保证河岸与河流水体之间的水分交换与调节，通过使用植物或植物与土木工程和非生命植物材料的结合，减轻坡面的不稳定性及侵蚀作用，同时实现多种生物的共生。

剖面分析 a·a

遮风隔热幕墙　屋顶绿化　阳光暴射　自然通风　玻璃纤维混凝土　人工覆土

尺度分析 b·b

闭合空间／闭合风景

半开敞空间／半开朗风景

开敞空间／开朗风景

开敞空间／开朗风景

空间是设计的主要表现方面，也是游人的主要感受场所，营造一个合理舒适的空间尺度，是设计的关键所在。

a. 开敞空间：视线延伸远，平视风景，视觉也最不疲劳。

b. 闭合空间：予人亲切感，安全感：近景感染力增强。

c. 半开敞空间：处于以上两者尺度感之间。

山水间·瀛湖大坝旅游服务区景观提升设计

设计师：刘令贵、周润格

单　位：西安交通大学

海战博物馆室内空间及展陈设计制作项目

设计师：刘如凯、杨晓航、李桦、何利

单　位：广东省集美设计工程有限公司

沙磁巷

设计师：刘涛、王琦、朱罡、张超

单　位：四川美术学院

夯土生态建筑研究 黄土地 艺术家工作室

夯土生态建筑研究 "黄土地" 艺术家工作室

设计师：刘威、杜陈晨、李睿

单　位：沈阳航空航天大学

室外效果图

室内效果图

室内效果图

小厕所 大民生·乡村公厕设计

设计师：龙国跃、白东林、翁梓皓、李杨、王艺涵

单　位：四川美术学院

2020 IDEAR 眼镜店

设计师：龙善腾

单　位：广州美术学院城市学院

禅泉酒店室内装饰工程设计

设计师：龙伟基、方兰、黄玉屏、谢东成

单　位：广东省集美设计工程有限公司

文成迹划
——伯温文化小镇概念性规划设计

设计师：路艳红、张磊

单　位：太原理工大学

1 新型水口景观入口
2 叠银飞青；写滕备影（白猕猴桃景观廊架）
3 生态厕所
4 生态停车场
5 文化生态楼白猕猴桃花架
6 怀远楼（旅游接待中心）
7 衔意双栖（山土亭廊）
8 山土游步道
9 风水轮（水车）
10 村民住宅区
11 枫桥客栈

客家建筑立面元素归纳与推新

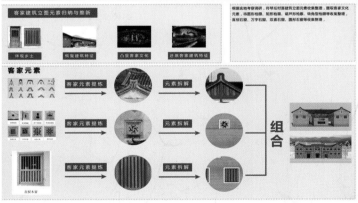

客家元素

根据实地考察调研，将琴坛村落建筑立面元素收集整理，提取客家文化元素，将圆形和枯草、短形和格、扁开和枯草、扁开和格局，转角形和端等收集整理。直棱石窗、万字石窗、双喜石窗、圆形石窗等收集整理。

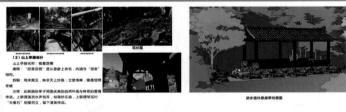

（2）山上亭廊设计

山上亭廊命名：衔意双栖

阐释："衔意双栖"是从意象上命名，内涵与"隐者"相同。

对联：飞珠贱玉，非南天上妙曲；立壁堆峰，隐是世间奇峰

注释：此联摘选孝子图画状美的自然环境与神奇的爱情传说，上联寓窗洪水声悦耳，如美妙乐曲，上联赞琴坛衔"夫妻石"相望而立，留下淒美传话。

2.入口设计

根据对客家人迁移的历史文化背景的梳理，其备时期迁徙的原因各不相同，但总的来讲造成迁徙的其中最重要的原因是战乱。残酷的战争使繁华的城市和富饶的乡村化为废墟，数以百万计的人在战乱中丧生，新存者为寻求安定的社会环境，被迫背井离乡，这是大规模突发性迁移的根本原因。因此，客家文化中蕴含着浓厚的对族人的保护意识和对外来侵略者的防御意识。

入口处仿照古老的碉堡和械城的城墙，体现客家先人对自己家族人的保护意识。而此时设计结合合理展示牌来做，同时也可爱暖提醒，有观赏合作用。设计材料仿当地土楼的夯土材料，当地山石，体现了客家的建筑特色。

1.新型水口生态厕所设计

● **设计来源**

在地性守护
——金华市箬阳乡琴坛村环境提升设计

设计师：罗青石、叶明英、戴婷婷、郑辉

单　位：浙江师范大学

鸟瞰效果图

整体设计鱼眼效果图

俄罗斯风景广场效果图

江畔城市景观规划设计
——culture 集合

设计师：吕帅

单　位：上海华策建筑设计事务所

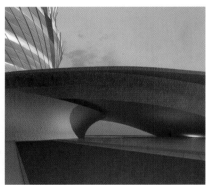

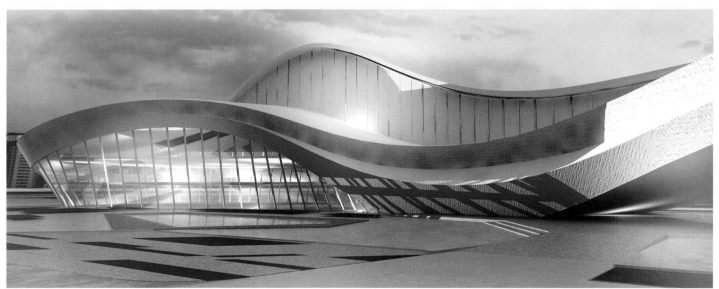

"小背篓"
—— 张家界市旅游商品产业园中心大厦

设计师：马龙、刘冬、王展、田果

单　位：西安建筑科技大学

即墨古城"店在纸上"主题乐园

设计师：马晓雯、陈晓东、王奎东、张声远、勾瑞

单　位：青岛科技大学

深圳龙岗文化创意城营销中心设计方案

设计师：么冰儒、钟志军

单　位：广州美术学院城市学院

接待中心

翁丁原始部落茶语佤韵酒店设计

设计师：穆瑞杰、杨春锁、张琳琳、高澎、樊占宇

单　位：云南艺术学院

三舍家居体验店设计
SANSHE Furniture Store

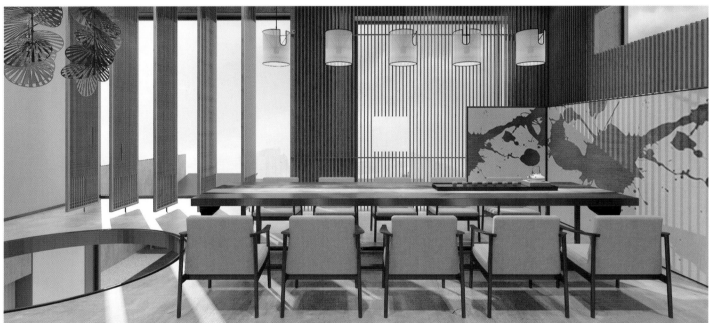

三舍家居体验店设计

设计师：那航硕、关诗翔、石砚侨、赵远

单　位：东北师范大学

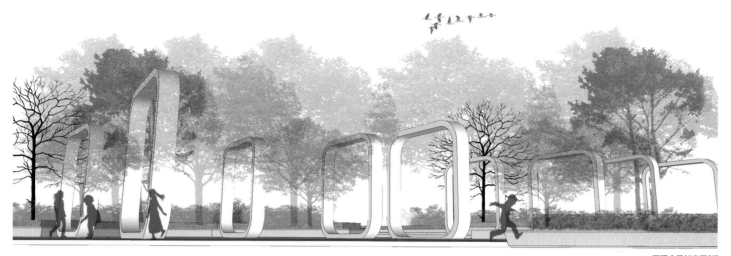

下沉广场长廊区

　　长廊区设计来源于中国客运列车，中国客运列车一般由15节车厢组成。而下沉广场里的这15个景框就象征着15节车厢，蜿蜒曲折，让人浮想联翩！儿童可以在这15个景框里来回穿梭玩耍，青少年可以在这照相观赏，老年人可以在这里锻炼身体打太极。下沉广场里的植物种植白桦、冷杉、山杏、京桃、紫玉簪等。

下沉广场长廊区剖面

下沉广场楼梯剖面

儿童娱乐区

　　儿童娱乐区的长廊的造型由火车站原址上的廊架结构提取而来。将长廊架在铁路上，代替原本的隧道，既可以观赏又可以玩耍。孩子可以在长廊内来回穿梭玩耍。椅子在游乐场所围，方便家长在照看孩子的时候休息。娱乐区的景观小品提取了铁轨及其他废弃设施的暗红色铁锈板的质感，是公园中的主景观，路灯提取于铁路上的信号灯造型。

　　场地内大部分区域现状是被混凝土覆盖，在大雨的天气下，由于雨水下渗能力的不足，会大量的从地表流失，这些径流会蔓延到周边的道路，严重影响周围居民的生活。被混凝土层覆盖的土壤由于长期缺乏水分补充，导致土壤失衡等隐性问题。

　　本案在设计中，总结现状问题，将场地部分区域内硬质覆盖盖转化为软质地面，增强雨水下渗能力。降低地面径流的产生，同时利用雨水补足土壤所丢失的水分，以达到对土壤含水量的调节与恢复。在儿童娱乐区就采用了渗透，下流，引流等手法，加强雨水的下渗能力。

涅槃·重生
——废弃铁路主题创意公园综合环境设计

设计师：倪雪菲、王蓉

单　位：东北大学、鲁迅美术学院

冥想
—— 生态休闲度假酒店

设计师：潘天阳、张英超、郑波、鲁煜

单　位：鲁迅美术学院

丽江云涧度假酒店景观设计

设计师：彭谌、杨霞、林迪

单　位：云南艺术学院

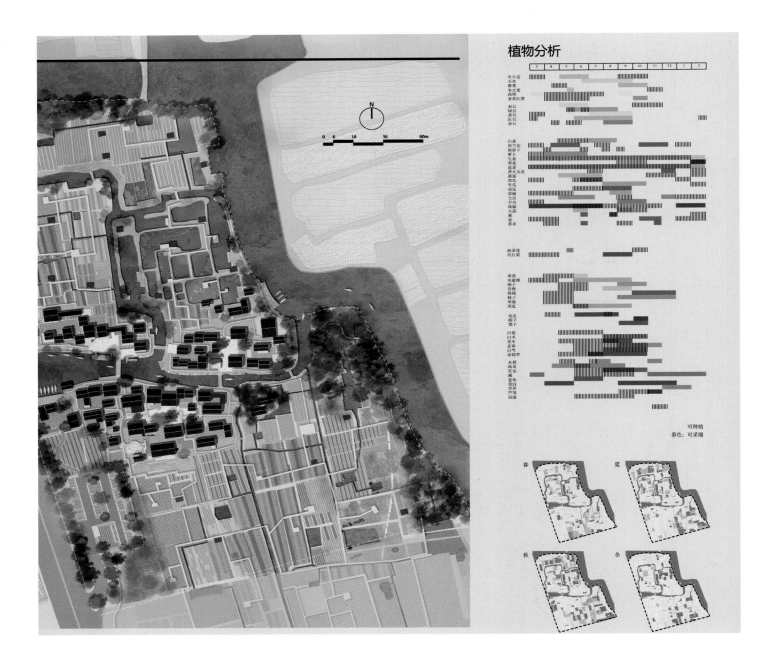

植物分析

可种植
彩色：可采摘

春　　夏
秋　　冬

归田乐购
—— 风景式田园超市

设计师：齐豫、赵雨薇
单　位：中国美术学院

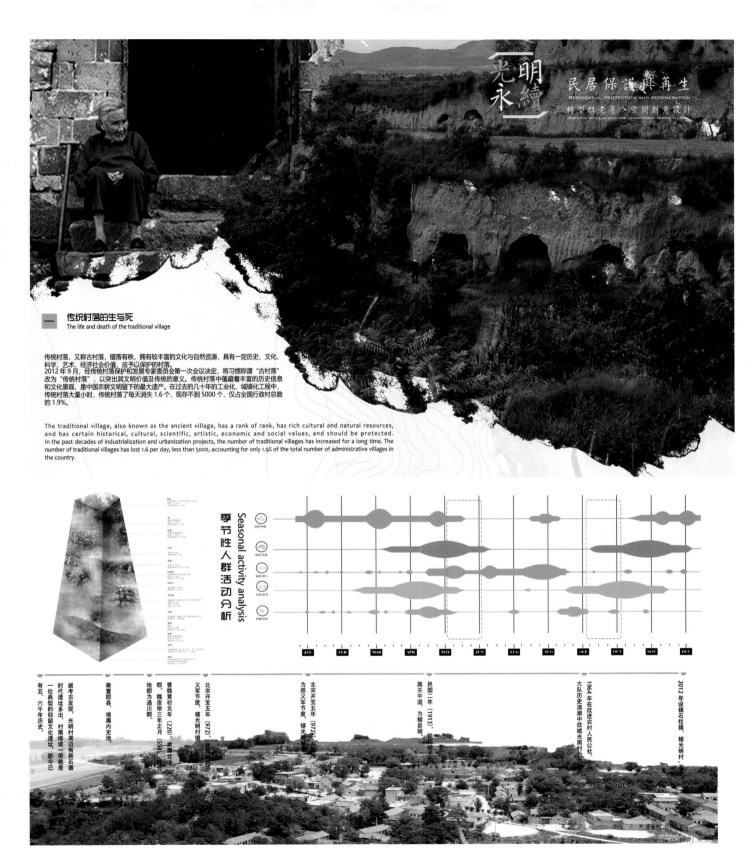

一 传统村落的生与死
The life and death of the traditional village

传统村落，又称古村落，错落有秩，拥有较丰富的文化与自然资源，具有一定历史、文化、科学、艺术、经济社会价值，应予以保护的村落。
2012年9月，经传统村落保护和发展专家委员会第一次会议决定，将习惯称"古村落"改为"传统村落"，以突出其文明价值及传统的意义。传统村落中蕴藏着丰富的历史信息和文化景观，是中国农耕文明留下的最大遗产。在过去的几十年的工业化、城镇化工程中，传统村落大量小时，传统村落了每天消失1.6个，现存不到5000个，仅占全国行政村总数的1.9%。

The traditional village, also known as the ancient village, has a rank of rank, has rich cultural and natural resources, and has certain historical, cultural, scientific, artistic, economic and social values, and should be protected. In the past decades of industrialization and urbanization projects, the number of traditional villages has increased for a long time. The number of traditional villages has lost 1.6 per day, less than 5000, accounting for only 1.9% of the total number of administrative villages in the country.

Seasonal activity analysis
季节性人群活动分析

JAN FEB MAR APR MAY JUN LUG AUG SEP OCT NOV DEC

光明永续
——民居保护与再生的转型性老年人空间创意设计

设计师：屈炳昊、黄轩、章奇峰

单　位：西安美术学院

一尔高级定制服装会所

设计师：曲远茂

单　位：远境设计

[BE YOURSELF]

一間由農舍改造的服裝訂制店
一尔高级定制服装会所
SUDDENLY SENIOR CUSTOM CLOTHING CLUB

项目概况
Project overview
项目名称：一尔高级定制服装会所
Name of project: a senior custom clothing Club
项目地点：成都三圣花乡
Project location: Chengdu Linghai Sam
项目面积：300平米
Project area: 300 square meters

世界上这么多人买衣服，穿衣服，其实只有两类，一类为自己穿，一类为别人穿，
真正的有品衣服对人气质的选择超过对身材的选择。一尔的衣服不是尺码合适的人就能穿，
它是给为自己穿衣的人穿的，绝不随波逐流。
多数人买一件衣服想的是别人的评价而不是去想这件衣服是否能感受到真实的自己。
BE YOURSELF 这正是这个品牌的理念
So many people in the world to buy clothes, wear clothes, in fact, there are only two categories,
one for their own wear,
a class for others to wear, the real choice of the quality of clothing on the human body more than
the choice of body.
One's clothes are not the right size people can wear,
it is for people to wear the dress himself, never follow the crowd.
Most people buy a piece of clothing to think of other people's evaluation
rather than to think whether the clothes
can feel the real self. BE YOURSELF this is the brand concept
能够返璞归真，直面自己的内心，理性地购买，珍惜地拥有，而不是为了一种炫耀。认真做你自己。这是这个品牌的理念
也应该是这个空间设计的灵魂
发掘老房子一直被忽略掉掩藏住的美的东西（或者叫无用的东西）一砖一瓦，一草一木，甚至深藏于墙皮之下的岁月机理。
不是为完成一次装修，而是经历一场发现之旅。将过去时间线上的这些旧的物件融入到新的机体里去，才算是这个老房子真正意义的重生。
To recover the original simplicity, inward, rational purchase, treasure has, rather than for a show. To be your own. This is the idea of the brand.
It should also be the soul of this space design
Explore the old houses have been overlooked beautiful things (or hide the useless things) brick, even deep in the days of every tree and bush,
the mechanism under the plaster. Not for a decoration, but through a journey of discovery. The past time line of these old objects into the new body,
it is the true meaning of the rebirth of the old house.

海南省博物馆陈列展览工程（二期）

设计师：邵战赢、劳健聪、何文珠、何其潮

单 位：广东省集美设计工程有限公司

物宝天华

入口区的竹山环形拱柱是进入园区视觉焦点，用环形玻璃进行围合。充分利用这个可分可闭的小空间打造成为浙江园的园中之园，不定期的展示对温度湿度或者安保有特殊要求的重要展品，成为镇园之宝或者特色精品园的展示中心，如精品盆景、特大佛手、珍稀兰花、珍稀多肉等。常展常新，随时更换。

山水盆景

结合唐诗之路上的诗词描绘，采用开放式的盆景组合表现唐诗所描述的浙江山水美景，共有6组盆景（其中最后一组就是微缩云骨），可以邀请浙派盆景高手二次创作。

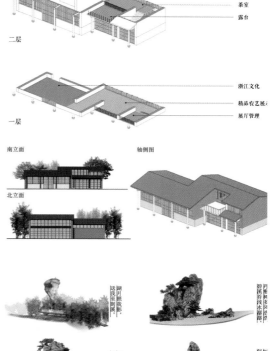

唐诗之路·之江新语
——2019年中国北京世界园艺博览会浙江园设计

设计师：沈实现、何洋、王思思、黄明健

单　位：中国美术学院风景建筑设计研究院

景观融入、充分利用及拓展空间
建筑形态边界处理有助于其融入环境；——绿化掩映、环境与建筑浑然一体
抽象传统的符号融入现代建筑语汇强化其历史感和时代感，加强与周边建筑的心理融合；
小中见大、以小见大的疏阔的空间感受
空间的利用与扩展——地下空间——尽量不使建筑体量过大而影响环境的协调性

沈职院学生信息服务中心建筑及环境设计

设计师：施济光、冯丹阳

单　位：鲁迅美术学院

沈阳克俭公园景观改造规划火车主题公园设计

设计师：石璐、姜宇威

单　位：鲁迅美术学院

每个人，只有在使自己成为自己力量的容器之后，才能成为一个强者。无限的镜面映射出许多想法。轻轻坐在秋千上，看着水中的小树，一切糟糕的情绪在这一刻都消散掉了。

不要去看那个伤口，它有一天会结疤的，疤痕不褪，可它不会再痛。
——三毛

　　空间中通过光和空间的交互希望与被治愈者和谐相处，让人们在这个空间中找到真正快乐的自我，获得真正的快乐。

乐活
——都市治愈空间概念设计

设计师：史浩、赵世鹏

单　位：吉首大学

施工外围攀爬架可展示体系设计

设计师：隋昊、刘晋嘉、肖琳超、许元森

单　位：鲁迅美术学院

《海·花》材质意向效果

《海·花》图形意向效果

海·花

设计师：覃大立、胡娜珍、傅立新

单 位：广州美术学院

村民活动中心表现图

方斗民宿表现图

墟石间
——重庆市城口县方斗坪村落复兴设计

设计师：谭晖、李昕慧、马一丹、张雪纯

单　位：四川美术学院

乡村自鸣：海晏村未来景观性建筑与规划（节选）

设计师：谭人殊、朱彦、谢威、孙慧慧、何衍辰

单　位：云南艺术学院

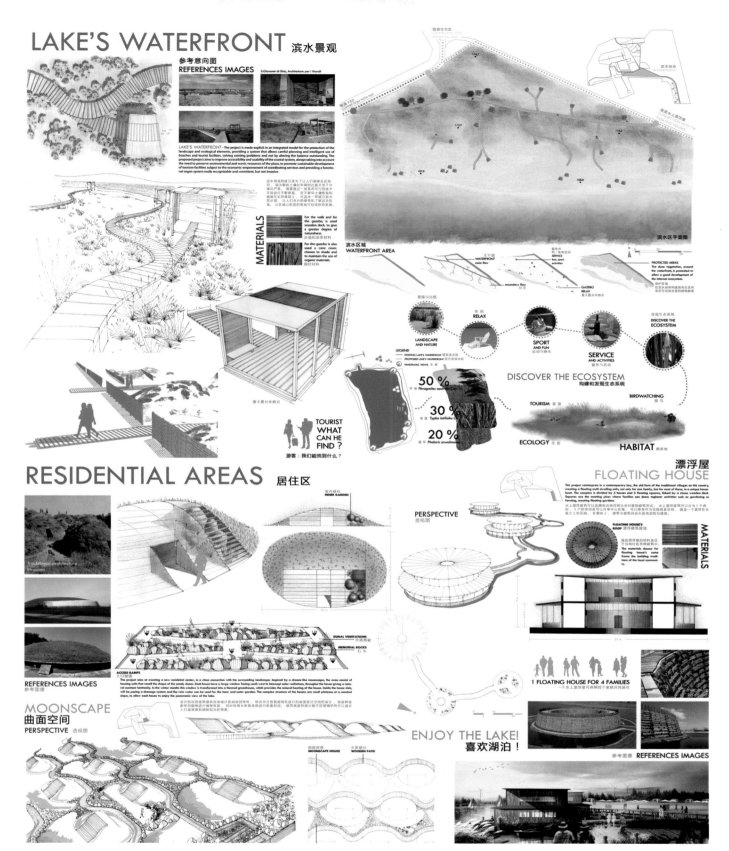

F60 德国 LUSATIA
—— 露天矿区景观修复规划设计

设计师：汪瑞

单　位：南京大学金陵学院

保利琶洲地块十项目酒店 公寓 办公室内设计

设计师：王宝丰、蓝海宇、何晞亮、喻卫林

单 位：广州集美组室内设计工程有限公司

THE RED PLUM 1939 剧院式艺术酒廊概念设计方案
——沈阳铁西区红梅味精厂改造设计

THE RED PLUM 1939 Theatre Art Lounge Concept
Design Scheme – Remodeling of Hongmei
Monosodium Glutamate Plant in
Tiexi District, Shenyang

THE RED PLUM 1939
—— 剧院式艺术酒廊概念设计方案

设计师：王博旸

单　位：鲁迅美术学院

珠海桂山岛美丽渔村项目民宿改造设计
Renovation design of guishan Island beautiful fishing village project in Zhuhai.

珠海桂山岛美丽渔村民宿改造设计

设计师：王铬

单　位：广州美术学院

"千荷泻露" 北关大道跨北运河桥梁设计

设计师：王国彬、王珑、史陈昱

单　位：北京工业大学

新疆吐鲁番"疆东小院"建筑餐饮空间设计

设计师：王磊、华超

单　位：新疆师范大学

江景栈桥

灯塔观景台

山景吧台

退台游憩平台

山地树屋

林上塔道
——重庆南山历史风貌街区步道景观设计

设计师：王平妤

单　位：四川美术学院

渌江书院
——历史陈列馆

设计师：王润强、梁锐、杨斌平

单　位：广东省集美设计工程有限公司

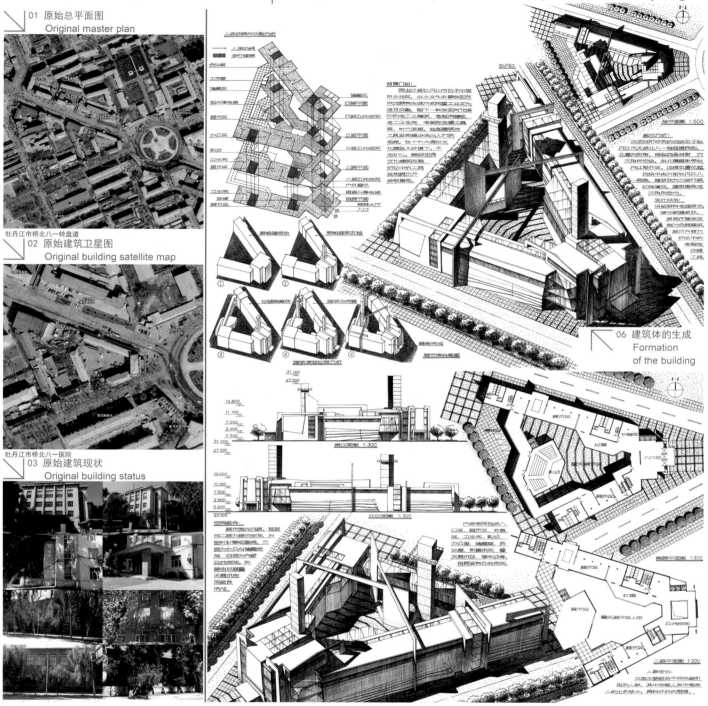

01 原始总平面图
Original master plan

牡丹江市桥北八一转盘道
02 原始建筑卫星图
Original building satellite map

牡丹江市桥北八一医院
03 原始建筑现状
Original building status

06 建筑体的生成
Formation
of the building

被遗忘的记忆
──牡丹江老解放展示空间设计

设计师：王威

单　位：齐齐哈尔大学

一心两脉，黄金生命线
——重庆北滨路西段景观设计

设计师：韦爽真、兰海

单　位：四川美术学院

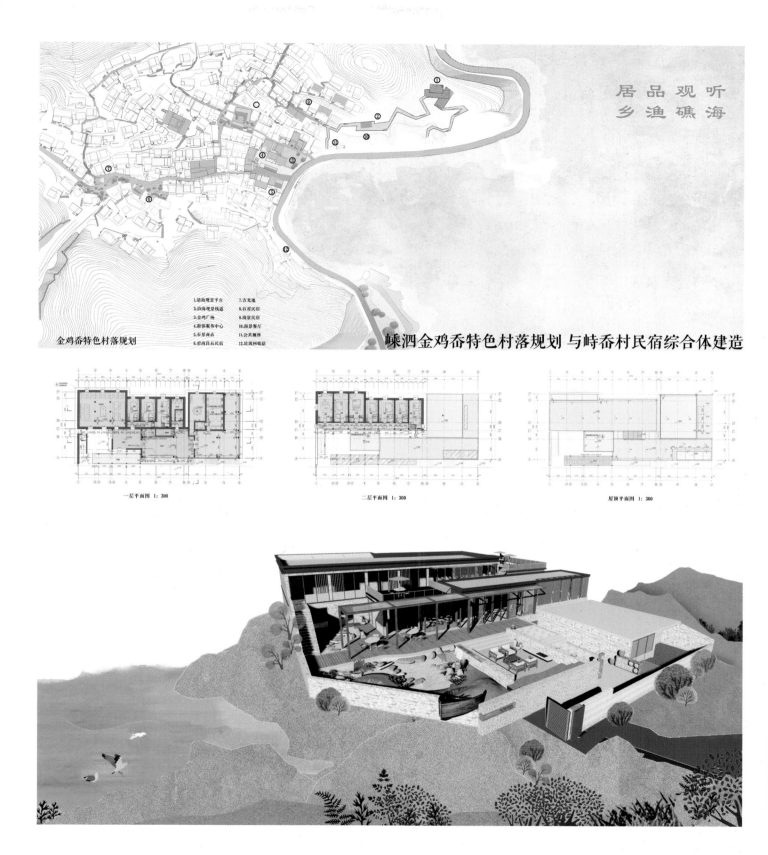

居 品 观 听
乡 渔 礁 海

金鸡岙特色村落规划

1.滨海观景平台　7.吉光湖
2.滨海观景栈道　8.石屋民宿
3.金鸡广场　　　9.海景民宿
4.游客服务中心　10.海景餐厅
5.石屋商店　　　11.公共厕所
6.碧海贝滩民宿　12.垃圾回收站

嵊泗金鸡岙特色村落规划 与峙岙村民宿综合体建造

一层平面图 1:300　　二层平面图 1:300　　屋顶平面图 1:300

离岛渔村生活的再编织
——嵊泗金鸡岙特色村落规划与峙岙村民宿综合体建造

设计师：魏秦、牛浚邦、纪文渊、施铭、张卓源、罗曼
单　位：上海大学

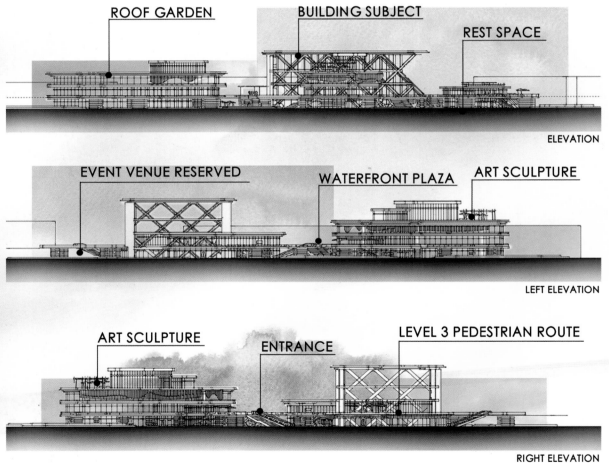

ROOF GARDEN　BUILDING SUBJECT　REST SPACE

ELEVATION

EVENT VENUE RESERVED　WATERFRONT PLAZA　ART SCULPTURE

LEFT ELEVATION

ART SCULPTURE　ENTRANCE　LEVEL 3 PEDESTRIAN ROUTE

RIGHT ELEVATION

绿洲·国际文化交流中心概念设计

设计师：文增著、张永泰

单　位：鲁迅美术学院

湖南省和清环境科技有限公司（丽轩堂）

设计师：吴建平、林荣峰、吴烜、梁颖

单　位：广东省集美设计工程有限公司

梦丝路小城东街建筑景观规划方案

设计师：吴剑锋、张楚洪、陈海利、余荣韵

单　位：集美组设计机构

三产融合农贸市场规划设计

设计师：吴宗建

单　位：华南农业大学

（1）施光南故居形象标识

音乐家
五线谱
曲线
山水
绿色
桃子
《希望的田野》

施光南故里·东叶村
The Hometown Of Shiguangnan·Dongye Village

自然生态
历史文化
地域文化
乡村色彩

（2）形象色彩

标识色彩

辅助色彩

（3）施光南纪念馆标志

施光南纪念馆
Shi Guangnan Memorial

（四）广场设计

1 停车场　　4 和盛亭　　7 施光南纪念馆　　10 故居入口
2 临时停车场　5 广场　　　8 文化大礼堂　　　11 故居
3 广场主入口　6 文化大舞台　9 公共厕所

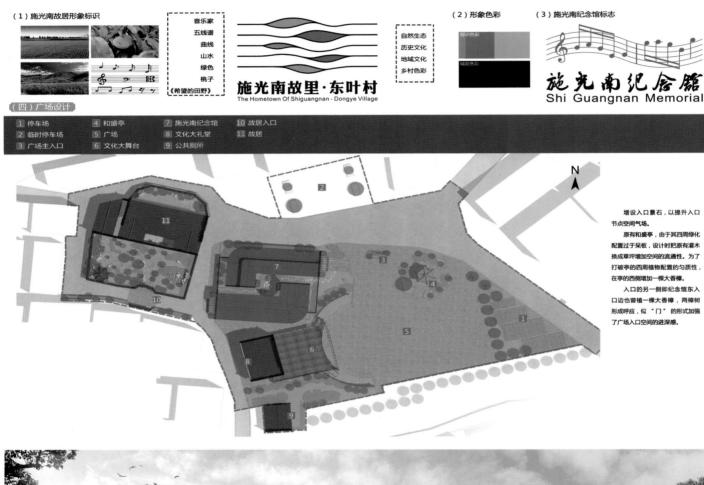

增设入口景石，以提升入口节点空间气场。

原有和盛亭，由于其四周绿化配置过于呆板，设计时把原有灌木换成草坪增加空间的流通性。为了打破亭的四周植物配置的匀质性，在亭的西侧增加一棵大香樟。

入口的另一侧即纪念馆东入口边也曾植一棵大香樟，两樟树形成呼应，似"门"的形式加强了广场入口空间的进深感。

施复亮、施光南故居庭院及室内提升与施光南纪念馆设计

设计师：肖寒、朱程宾、孟乐乐、赵倩男

单　位：浙江师范大学

府又街心
——美丽乡村建设·社区公园改造计划

设计师：谢耀盛

单　位：广州联筑创意设计有限公司

"瓷土上的村落"
——景德镇市寿安镇南市街村风貌整治与文化复兴规划

设计师：邢迪、王亚鑫

单　位：北京工业大学、北京如式文化顾问有限公司

乡愁

巴渝乡愁

设计师：熊洁、马敏、谢睿、杨逸舟

单　位：四川美术学院

建筑剖面

正立面图

西立面图

存续为生·乐活为态
——重庆西湖镇郑家大院民宿风貌承续设计

设计师：许亮、张鹏飞、李佳群

单　位：四川美术学院

Vision·Impression Museum

Part Architecture

vision · impression

The waterdrop takes shape the museum construction which forms.

Vision · Impression Museum

Preliminary concept 建筑初步概念

Construction plan idea 建筑方案构思：

1. 本方案以水滴落到水面开始展开。

水滴落到水面引起水圈的摆动，水是由一点化开去，水呈离中心越远越薄。

多点的水滴沸落水面里，每个中心越趋间化开去，不同源的水早相邻趋边结合。交叉在一起产生新的形态，以此为依据，采用水溶入水的方法，相互非连取一个水滴的水量为中心，让四周的溶解层徐缓虚化，得到初步建筑平面图。再通过水量化开的造型，得出空间虚实的建筑体系。

The waterdrop blends, the proliferation 水影的交融、化开

Table of contents 目录

I. 选取建筑的一个抛形体块，将其用较尖锐的造型符号来替代，使得原本较显柔软，采纳的建筑变得生动、多元化起来，并具有一定的动感。

II. 建筑的开窗到屋檐混入水的流向形态来创造临虚交错的效果。

... about architecture

Preliminary concept

Vision·Impression Museum

设计师：严康

单 位：广西科技大学

喜茶
—— 白日梦计划 daydreamer project 系列

设计师：晏俊杰、温颖华、覃可妍、郑霄翎、杜珩

单　位：AAN／岸建筑

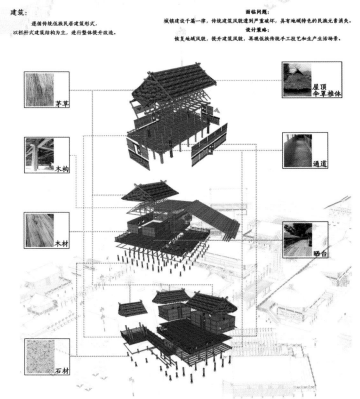

建筑:
遵循传统佤族民居建筑形式，
以桩杆式建筑结构为主，进行整体提升改造。

面临问题:
城镇建设千篇一律，传统建筑风貌遭到严重破坏，具有地域特色的民族元素消失。
设计策略:
恢复地域风貌，提升建筑风貌，再现佤族传统手工技艺和生产生活场景。

茅草

木构

木材

石材

屋顶
伞草锥体

通道

晒台

迹忆
——沧源县司岗里大道佤族文化体验园设计

设计师：杨春锁、穆瑞杰、张琳琳、时嘉薇、程世杰

单　位：云南艺术学院

舟山新城海洋文化艺术中心博物馆展陈和室内项目设计与施工

设计师：杨帆、刘如凯、尹薇薇、何利

单　位：广东省集美设计工程有限公司

侵华日军南京大屠杀遇难同胞纪念馆改陈布展项目

设计师：杨晓航、刘如凯、李桦、尹薇薇

单　位：广东省集美设计工程有限公司

文化景墙效果图

阳光草坪效果图

入口景观效果图

休闲座椅效果图

涅槃
——研博中心广场景观设计

设计师：杨吟兵、方凯伦、殷智毅

单　位：四川美术学院、重庆工程学院

重铸·新生
——新时代工业园区艺术改造

设计师：杨雨翰、姚欢洋、张东姣

单　位：四川美术学院、重庆工程学院

● 《史记》、《汉书》中都提到"五岭"的概念，郦道元的《水经注》指出了汉人对五岭的看法，主要是强调五岭的限隔作用。作为他者来看，最关键的是"岭"，五岭是一道自然分界线。

● 明代屈大均指出"海"与"岭"同样重要，应该用"广东"这个概念。他是局内人，是我者。因为这是明朝国家的正式名称，表明了他更加强调与国家的认同。

广州白云机场 T1 航站楼室内改造提升设计

设计师：于健、李鹏南、曹卉、吴诗艳、万沛伦、张丽珠

单　位：广州美术学院

南京钓鱼台酒店景观设计方案

设计师：余林松、杨小军、唐琪峰、倪志鹏

单　位：广州集美组室内设计工程有限公司

生活居住区 综合服务区 医疗康护区

茶饮休闲区

老年活动中心

养居·养心
——重庆缙云山 X 养老机构环境优化设计

设计师：余毅、崔瑶、卢睿泓、姜丽

单　位：四川美术学院

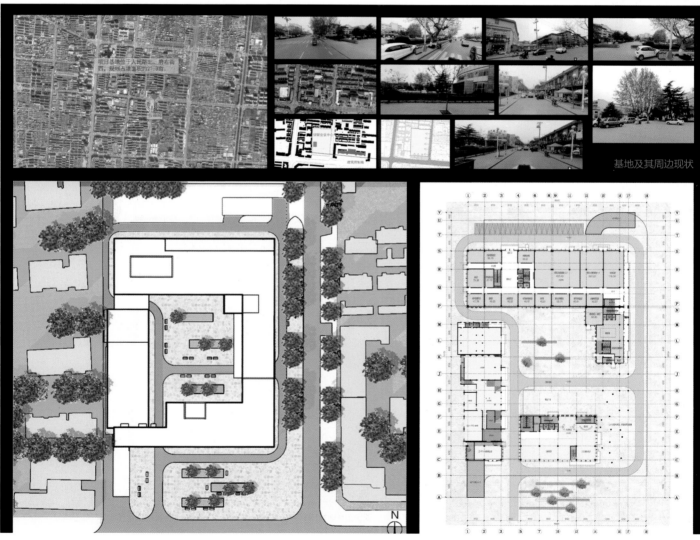

山东省沂南县图书馆 + 档案馆 + 方志馆综合体设计

设计师：虞大鹏、孟丹、张凝瑞、赵桐

单　位：中央美术学院

文化艺术空间综合体概念设计 折
Culture and art space complex concept design

■ 前期基地分析　　　　　　　　　　　　　　■ 方案概念介绍

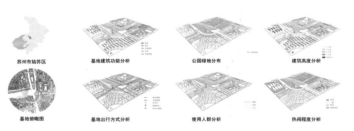

苏州市姑苏区　基地建筑功能分析　　公园绿地分布　　建筑高度分析

基地鸟瞰图　　基地出行方式分析　　使用人群分析　　热闹程度分析

折·文化艺术空间综合体概念设计

设计师：岳雅迪

单　位：鲁迅美术学院

左视图　　　　　　　　　　　　　　　　　　　右视图

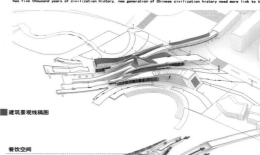

■ 设计说明

设计说明："人本是散落的珠子，随地乱滚，文化就是那根柔弱又强韧的细丝，将珠子串起来成为社会。"传统文化是维系中华文明的
泱中华五千年的文明历史，中华文明源大根得，历史更需要细细来传承。此文化艺术综合体坐落于苏州市姑苏区。既邻京杭大运河与
，整体通过"纽带"造型演变，寓意新绍文化传承源远流长，经久不变。
Design description: "humanism is scattered beads, roll anywhere, culture is the root of weak and strong filaments, wi
become a social beads strung together." Traditional culture is the tie that sustaining the Chinese civilization, grear
has five thousand years of civilization history, new generation of Chinese civilization history need more link to the

■ 建筑景观线稿图

餐饮空间
办公空间
主展厅　　　　　　　　　　　　　　　　　　　　　次展厅

■ 功能结构设计

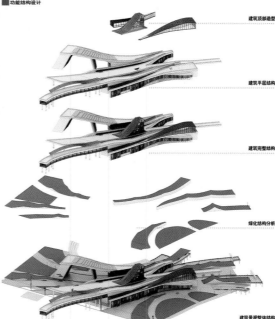

建筑顶部造型

建筑平层结构

建筑完整结构

绿化结构分析

建筑景观整体结构

■ 设计构思

　　建筑整体造型以"纽带"直线为中心思想，将直线组合构成
，通过弯曲穿插相融合，再通过角度的转变形成交叉的艺术形式
，建筑通过这种形式构建高低起伏的地上结构建筑，并以线形结
构向四周延伸，在保证内部结构功能的完整性的同时，将形态与
功能融为一体。俯视建筑犹如一条蜿蜒曲折的"纽带"延伸至这
座古老的河道中，与周围的传统文化建筑形成鲜明的对比，保留
传统文化的现址，连接着新建文化的传承。
　　建筑定位为文化艺术空间综合体，其功能包括文化演艺、作
品展览、艺术品收藏等系列文化艺术中心的事项，旨在提高国民
艺术文化综合修养，感染国民艺术文化氛围与情操。建筑平层结
构从主入口进入即分为主展厅、次展厅、办公空间、餐饮休息空
间和建筑廊桥，建筑顶部也为开敞式休闲空间，建筑外围景观广
场设有亲水平台、道路指示、景观绿化等人文景观，建筑顶部休
闲空间可从景观广场建筑外围走入，设有休息台阶座椅，供参观
者休息攀谈。建筑整体内外相通，既可从内部参观境之美，又
可从建筑顶部观赏美景，怡然自得。亲水平台以多个发散形与一
个半圆形为主，向外延伸又向内围合。

新·生
——重庆发电厂旧址改造景观设计

设计师：张杰

单　位：宜宾学院

茶室
Tearoom

"三观道" 茶餐厅室内设计

设计师：张强

单 位：宁夏大学

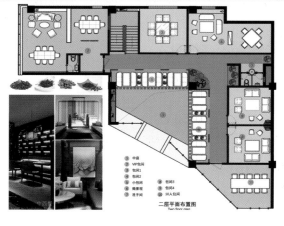

珠海海韵广场商场公共空间室内设计

设计师：张智

单 位：广州美术学院

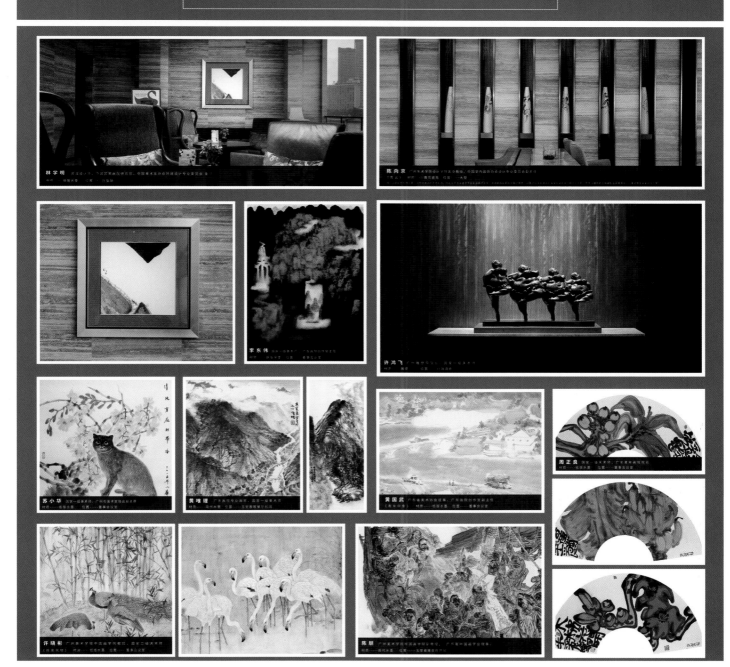

广州白天鹅宾馆公共艺术设计策划

设计师：赵健、林蓝、曾海彤、郭丹

单　位：广东省集美设计工程有限公司

南山·瓶·棠华

柳编手工艺
WICKER HANDICRAFTS

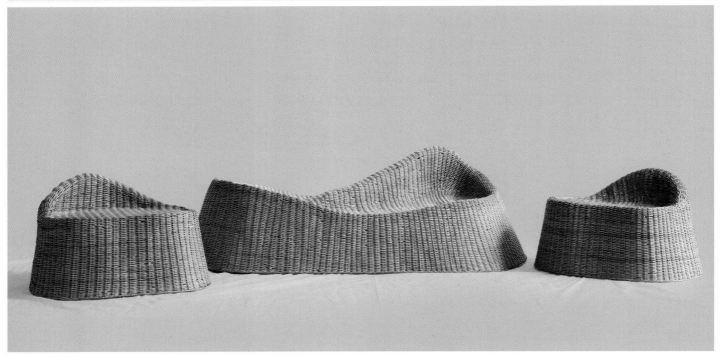

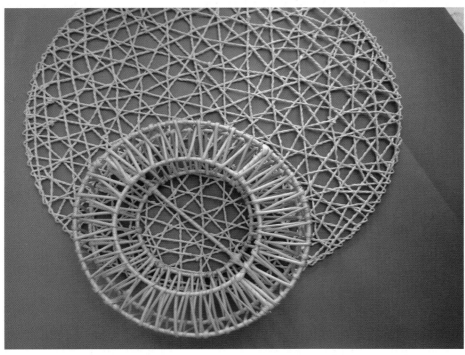

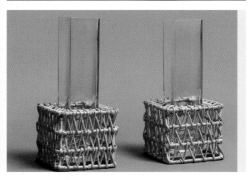

《南山》、《棠华》、《瓶》

设计师：赵静

单　位：中国矿业大学

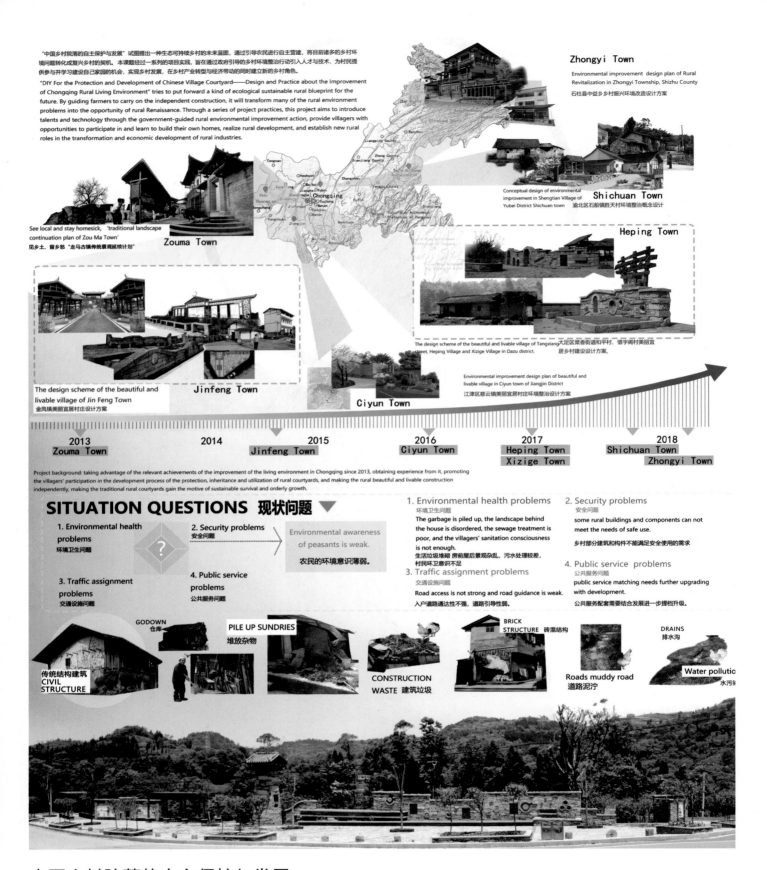

"中国乡村院落的自主保护与发展"试图提出一种生态可持续乡村的未来蓝图。本课题经过一系列的项目实践，旨在通过政府引导的乡村环境整治行动引入人才与技术，为村民提供参与并学习建设自己家园的机会，实现乡村发展，在乡村产业转型与经济带动的同时建立新的乡村角色。

"DIY For the Protection and Development of Chinese Village Courtyard——Design and Practice about the Improvement of Chongqing Rural Living Environment" tries to put forward a kind of ecological sustainable rural blueprint for the future. By guiding farmers to carry on the independent construction, it will transform many of the rural environment problems into the opportunity of rural Renaissance. Through a series of project practices, this project aims to introduce talents and technology through the government-guided rural environmental improvement action, provide villagers with opportunities to participate in and learn to build their own homes, realize rural development, and establish new rural roles in the transformation and economic development of rural industries.

Zhongyi Town
Environmental improvement design plan of Rural Revitalization in Zhongyi Township, Shizhu County
石柱县中益乡村振兴环境改造设计方案

Conceptual design of environmental improvement in Shengtian Village of Yubei District Shichuan town
渝北区石船镇胜天村环境整治概念设计
Shichuan Town

See local and stay homesick, 'traditional landscape continuation plan of Zou Ma Town'
见乡土、留乡愁"走马古镇传统景观延续计划"
Zouma Town

Heping Town

The design scheme of the beautiful and livable village of Tangxiang street, Heping Village and Xizige Village in Dazu district.
大足区棠香街道和平村、偕字湖村美丽宜居乡村建设设计方案，

The design scheme of the beautiful and livable village of Jin Feng Town
金凤镇美丽宜居村庄设计方案
Jinfeng Town

Ciyun Town

Environmental improvement design plan of beautiful and livable village in Ciyun town of Jiangjin District
江津区慈云镇美丽宜居村庄环境整治方案

2013	2014	2015	2016	2017	2018
Zouma Town		Jinfeng Town	Ciyun Town	Heping Town / Xizige Town	Shichuan Town / Zhongyi Town

Project background: taking advantage of the relevant achievements of the improvement of the living environment in Chongqing since 2013, obtaining experience from it, promoting the villagers' participation in the development process of the protection, inheritance and utilization of rural courtyards, and making the rural beautiful and livable construction independently, making the traditional rural courtyards gain the motive of sustainable survival and orderly growth.

SITUATION QUESTIONS 现状问题 ▼

1. Environmental health problems
环境卫生问题

2. Security problems
安全问题

?

Environmental awareness of peasants is weak.
农民的环境意识薄弱。

3. Traffic assignment problems
交通设施问题

4. Public service problems
公共服务问题

1. Environmental health problems
环境卫生问题
The garbage is piled up, the landscape behind the house is disordered, the sewage treatment is poor, and the villagers' sanitation consciousness is not enough.
生活垃圾堆砌 房前屋后景观杂乱，污水处理较差，村民环卫意识不足

3. Traffic assignment problems
交通设施问题
Road access is not strong and road guidance is weak.
入户道路通达性不强，道路引导性弱。

2. Security problems
安全问题
some rural buildings and components can not meet the needs of safe use.
乡村部分建筑和构件不能满足安全使用的需求

4. Public service problems
公共服务问题
public service matching needs further upgrading with development.
公共服务配套需要结合发展进一步提档升级。

GODOWN 仓库

PILE UP SUNDRIES 堆放杂物

传统结构建筑 CIVIL STRUCTURE

BRICK STRUCTURE 砖混结构

DRAINS 排水沟

Roads muddy road 道路泥泞

Water pollution 水污染

CONSTRUCTION WASTE 建筑垃圾

中国乡村院落的自主保护与发展
——重庆市农村人居环境改善示范片的设计实践

设计师：赵宇、石永婷、王刚

单 位：四川美术学院

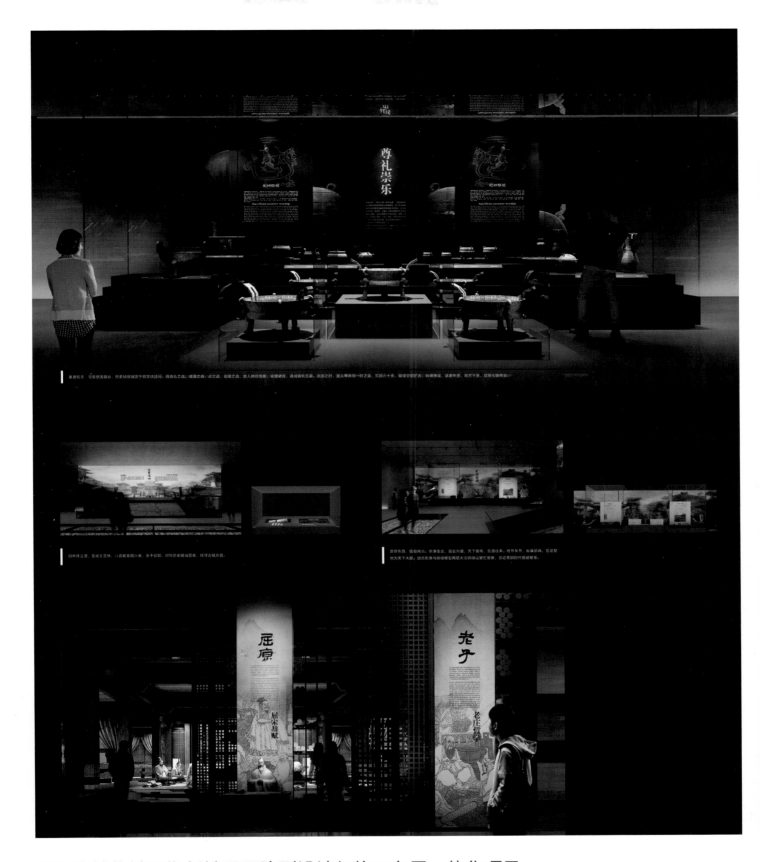

湖北省博物馆三期新馆展区陈列设计与施工布展一体化项目
—— 楚国八百年

设计师：钟玉春、邓小力、卢正鹏、蔡华香

单　位：广东省集美设计工程有限公司

南京钓鱼台酒店

设计师：周海新、吴玉娟、郑杰友、王淦萍

单　位：广州集美组室内设计工程有限公司

时间 TIME

设计师：周思婷

单　位：广州美术学院

"此心安处是吾乡"
韩城南周村美丽乡村复兴景观设计

设计说明

美丽乡村复兴景观设计，以"微介入""点激活"的原则为指导，主张在充分尊重村落文化原貌的前提下，进行设计选点、人群关系梳理、建筑改造、复兴激活方式以及乡村发展走向论证等，最终完成"山-水-聚落"格局，回归自然山水模式，达到本土化建筑形态与自然山水地貌的结合；还原自然特殊的山水文化、山水美学的意义；形成村落机理自然生长构成有机环境特有的美丽乡村景观。

微介入——设计微介入。尊重原发文化、疏导产业关系、影响村民环境意识

点激活——复兴点激活。以点带面、以新代旧、新环境带动、新产业方式带动

一城（古城）

一带（澽水河景观带）

一晶（旅游民宿体验）

农产品
＋
乡村文化产品
＋
旅游民宿体验之路

此心安处是吾乡
——韩城南周村美丽乡村复兴景观设计

设计师：周维娜、海继平、王娟、胡月文、吴文超、夏伟

单　位：西安美术学院

河对街

天城巷

酒库巷

酒市街

盐巷街

云鼓巷

马桑巷

⑰

⑦

⑮

⑭ ④ ⑥ ⑯

⑬

② ⑫

⑩ ③

⑤ ⑪

⑦

① ⑧

茅草台老码头

设计师：朱罡、张翮、孙继任、刘涛

单　位：四川美术学院

江安河
——都市文化创意提案
成都武侯区

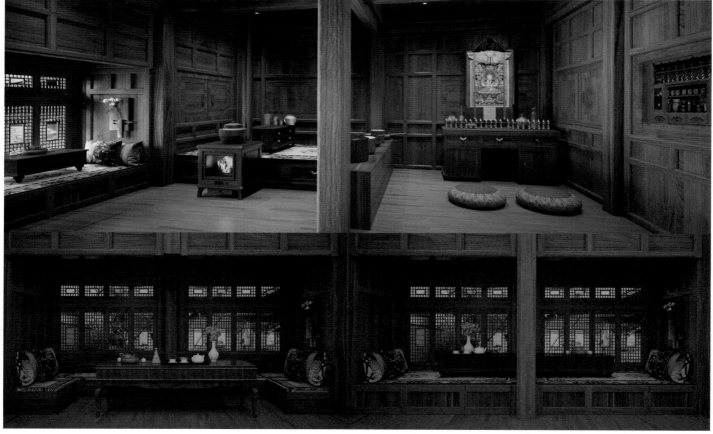

麦日旧时新语·妈康建筑室内改造设计

设计师：朱晓琳

单　位：广东农工商职业技术学院

项目概述

六朝博物馆的建筑外观和馆内公共部分由美国贝氏建筑设计事务所设计。

如何在有贝氏特色的建筑里设计好展陈内容，是本次设计的难点。"展陈与建筑和谐统一"为室内展陈设计总思路。

展陈设计以六朝建康城遗址的城墙遗迹为展示的重点，从审美的角度展示六朝文物为亮点，以观众耳熟能详的三国故事文物展览为互动点，以"参观就是生活"为观众体验点，让走进六朝博物馆的观众尽情领略六朝风采，感受六朝繁华的踪迹。

实景照片

南京六朝博物馆展览陈列形式设计

设计师：邹润松、刘宏、李玮、张凯

单　　位：广东省集美设计工程有限公司

图书在版编目（CIP）数据

为中国而设计．第八届全国环境艺术设计大展入选作品集/中国美术家协会编；徐里，苏丹主编．— 北京：中国建筑工业出版社，2018.10
ISBN 978-7-112-22767-9

Ⅰ．①为… Ⅱ．①中… ②徐… ③苏… Ⅲ．①环境设计－作品集－中国－现代 Ⅳ．①TU-856

中国版本图书馆CIP数据核字(2018)第223746号

本作品集汇集了全国多家高校和设计公司的设计作品，共分为学生组和专业组两个组别，分别从不同的视角和专业方向展示了环境设计专业当下的教学水平和设计实践经验，为该专业的发展提供了丰富的经验。本书适用于环境设计及相关学科从业者及在校师生阅读。

责任编辑：唐　旭　李东禧　张　华　贺　伟
责任校对：焦　乐

为中国而设计
第八届全国环境艺术设计大展入选作品集
中国美术家协会　编
徐　里　　苏　丹　主编
＊
中国建筑工业出版社出版、发行（北京海淀三里河路9号）
各地新华书店、建筑书店经销
广州一丰印刷有限公司印刷
＊
开本：880×1230毫米　1/16　印张：17　字数：415千字
2018年10月第一版　2018年10月第一次印刷
定价：169.00元
ISBN 978-7-112-22767-9
（32881）